本試験型
数学検定 準2級 試験問題集

成美堂出版

本書の使い方

本書は，数学検定準２級でよく問われる問題を中心にまとめた本試験型問題集です。本番の検定を想定し，計５回分の問題を収録していますので，たっぷり解くことができます。解答や重要なポイントは赤字で示していますので，付属の赤シートを上手に活用しましょう。

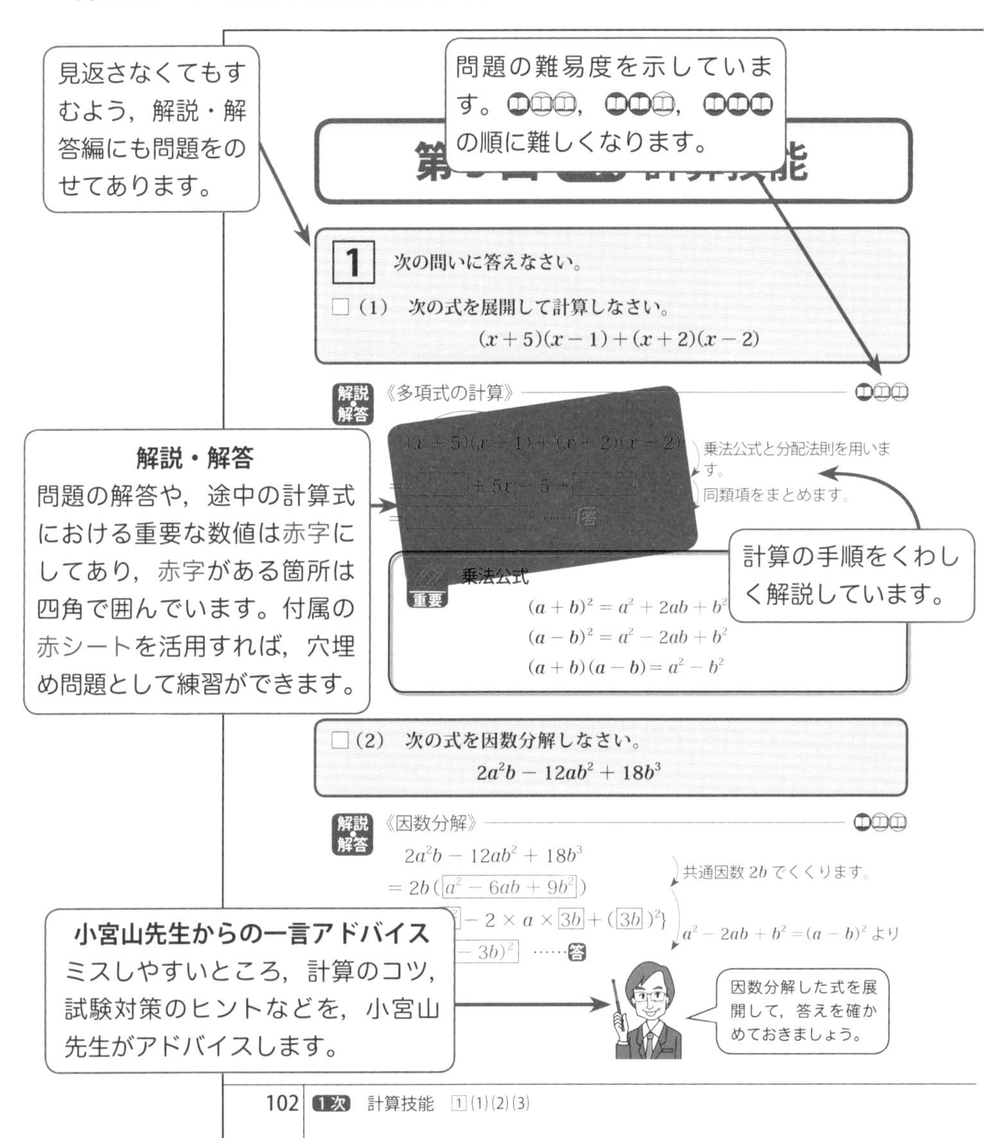

見返さなくてもすむよう，解説・解答編にも問題をのせてあります。
問題の難易度を示しています。，，の順に難しくなります。
1 次の問いに答えなさい。
□（1） 次の式を展開して計算しなさい。
$(x+5)(x-1)+(x+2)(x-2)$
解説・解答 《多項式の計算》
乗法公式と分配法則を用います。
同類項をまとめます。
解説・解答
問題の解答や，途中の計算式における重要な数値は赤字にしてあり，赤字がある箇所は四角で囲んでいます。付属の赤シートを活用すれば，穴埋め問題として練習ができます。
計算の手順をくわしく解説しています。
重要 乗法公式
$(a+b)^2=a^2+2ab+b^2$
$(a-b)^2=a^2-2ab+b^2$
$(a+b)(a-b)=a^2-b^2$
□（2） 次の式を因数分解しなさい。
$2a^2b-12ab^2+18b^3$
解説・解答 《因数分解》
$2a^2b-12ab^2+18b^3$
$=2b(a^2-6ab+9b^2)$
共通因数 $2b$ でくくります。
$a^2-2ab+b^2=(a-b)^2$ より
小宮山先生からの一言アドバイス
ミスしやすいところ，計算のコツ，試験対策のヒントなどを，小宮山先生がアドバイスします。
因数分解した式を展開して，答えを確かめておきましょう。
102 1次 計算技能 1 (1)(2)(3)

解答用紙と解答一覧

巻末には，各回の解答が一目でわかる解答一覧と，実際の試験のものと同じ形式を再現した解答用紙をつけています。標準解答時間を目安に時間を計りながら，実際に検定を受けるつもりで解いてみましょう。

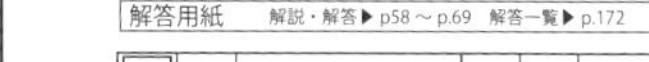
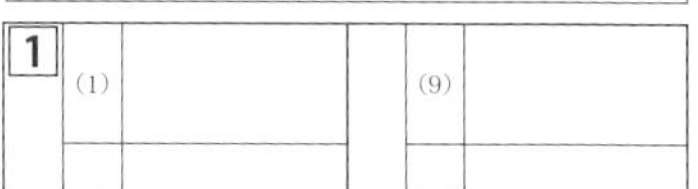

第1回 1次 計算技能 標準解答時間 50分

解答用紙 解説・解答▶p58〜p.69 解答一覧▶p.172

1 (1) (9)

解答一覧

くわしい解説は，「解説・解答」をごらんください。

第1回 1次

1

(1) $3xy-7y^2$

(2) $5(x-5)^2$

(3) $x=-3,\ 8$　(4) $6\sqrt{6}-4$

(5) $-18\leqq y\leqq 0$

2

(6) 6cm

(7) $x=\frac{40}{3}$

(8) x^2-4y^2+4y-1

(9) $(2x-3)^3$

(10) 5

3

(11) 7

(12) $x\leqq-\frac{5}{2},\ \frac{1}{2}\leqq x$

(13) $\frac{7}{8}$

(14) ① $\frac{3\sqrt{13}}{13}$　② $\frac{2\sqrt{13}}{13}$

(15) ① {2, 6, 8}　② 8

第1回 2次

1

(1) $(50-x)(200+6x)$ 円

(2) (1) から，

$(50-x)(200+6x)=10304$

この2次方程式を解くと，

$10000+100x-6x^2=10304$

$(x-4)(3x-38)=0$

よって，$x=4,\ \frac{38}{3}$

ここで，xは整数だから，$x=4$

したがって，1個の値段は，

$50-4=46$（円）

答 46円

2

(3) n^4+4

$=n^4+4n^2+4-4n^2$

$=(n^2+2)^2-(2n)^2$

$=(n^2+2n+2)(n^2-2n+2)$

ここで，

$n^2+2n+2=(n+1)^2+1$

$n^2-2n+2=(n-1)^2+1$

であるから，$n\geqq 2$のとき，

$n^2+2n+2\geqq 10$

$n^2-2n+2\geqq 2$

したがって，n^4+4は，2以上の2つの整数の積で表されるから，素数ではない。

重要

因数分解の公式

$$a^2+2ab+b^2=(a+b)^2$$
$$a^2-2ab+b^2=(a-b)^2$$
$$a^2-b^2=(a+b)(a-b)$$
$$x^2+(a+b)x+ab=(x+a)(x$$

(3) 次の方程式を解きなさい。

$$x^2-8x+12=0$$

解説・解答

《2次方程式》

$$x^2-8x+12=0$$

左辺を因数分解すると，

$$(x-\boxed{2})(x-\boxed{6})=0$$

$\boxed{x-2}=0$ または $\boxed{x-6}=0$

$x=\boxed{2},\ \boxed{6}$

答 $\boxed{x=2,\ 6}$

ポイント

積が12になる2つ
中から，和が−8に
つけます。

問題を解くときのポイントやヒントをまとめてあります。

重要

2次方程式の因数分解による解き方

(2次式) = 0 の形の2次方程式で，左辺が因数分解できるときは，

$AB=0$ ならば $A=0$ または $B=0$

として解くことができます。

2次方程式の解の公式による解き方

(2次式) = 0 の左辺が因数分解できないときは，$(x+m)^2=\square$の形にするか，解の公式を用いて解きます。

2次方程式 $ax^2+bx+c=0$ の解は，

$$x=\frac{-b\pm\sqrt{b^2-4ac}}{2a}$$

問題を解くための基礎となる重要事項をまとめてあります。

問題◀◁p.34 103

目　次

問　題

解説・解答

数学検定準２級の内容

数学検定準２級の検定内容

●学習範囲と検定内容

実用数学技能検定は，公益財団法人日本数学検定協会が実施している検定試験です。

1 級から 11 級までと，準 1 級，準 2 級をあわせて，13 階級あります。そのなかで，1 級から 5 級までは「数学検定」，6 級から 11 級までは「算数検定」と呼ばれています。検定内容は，A グループから M グループまであり，準 2 級はそのなかの D グループから 50%，E グループから 40%，特有問題から 10%程度出題されることになっています。

また，準 2 級の出題内容のレベルは【高校 1 年程度】とされています。

準 2 級の検定内容

D グループ	数と集合，数と式，二次関数・グラフ，二次不等式，三角比，データの分析，場合の数，確率，整数の性質，n 進法，図形の性質　など
E グループ	平方根，式の展開と因数分解，二次方程式，三平方の定理，円の性質，相似比，面積比，体積比，簡単な二次関数，簡単な統計　など

● 1 次検定と 2 次検定

数学検定は各階級とも，1 次（計算技能検定）と 2 次（数理技能検定）の 2 つの検定があります。

1 次（計算技能検定）は，主に計算技能をみる検定で，解答用紙には答えだけを記入することになっています。

2 次（数理技能検定）は，主に数理応用技能をみる検定で，解答用紙には答えだけでなく，計算の途中の式や単位，図を記入することもあります。この場合，たとえ最終的な答えがあっていなくても，途中経過が正しければ部分点をもらえることがあります。逆に，途中経過を何も書かないで答えのみを書いたり，単位をつけなかったりした場合には，減点となることがあります。また，2次検定では，階級を問わず電卓を使うことができます。

●検定時間と問題数

準2級の検定時間と問題数，合格基準は次のとおりです。

	検定時間	問題数	合格基準
1次（計算技能検定）	50分	15問	全問題の70%程度
2次（数理技能検定）	90分	10問	全問題の60%程度

＊配点は公表されていませんが，合格基準より判断すると，1次（問題数15問の場合）の合格基準点は11問，2次（問題数10問の場合）の合格基準点は6問となります。

数学検定準２級の受検方法

●受検方法

数学検定は，個人受検，団体受検，提携会場受検のいずれかの方法で受検します。申し込み方法は，個人受検の場合，インターネット，郵送，コンビニ等があります。団体受検の場合，学校や塾などを通じて申し込みます。提携会場受検の場合は，インターネットによる申し込みとなります。

●受検資格

原則として受検資格は問われません。

●検定の免除

１次（計算技能検定）または２次（数理技能検定）にのみ合格している方は，同じ階級の２次または１次検定が免除されます。申し込み時に，該当の合格証番号が必要です。

●合否の確認

検定日の約３週間後に，ホームページにて合否を確認することができます。検定日から約 30 ～ 40 日後を目安に，検定結果が郵送されます。

受検方法など試験に関する情報は変更になる場合がありますので，事前に必ずご自身で試験実施団体などが発表する最新情報をご確認ください。

公益財団法人 日本数学検定協会

ホームページ：https://www.su-gaku.net/

〒 110-0005　東京都台東区上野 5-1-1　文昌堂ビル６階

＜個人受検の問合せ先＞ TEL：03-5812-8349

＜団体受検・提携会場受検の問合せ先＞ TEL：03-5812-8341

準２級の出題のポイント

準２級の出題範囲の中で，ポイントとなる項目についてまとめました。問題に取り組む前や疑問が出たときなどに，内容を確認しましょう。

１次検定・２次検定共通のポイント

数式の計算

数式の計算を速く，正確に行うことは，いろいろな問題を解くうえでの基本となります。乗法公式や指数法則をおぼえて，何度も繰り返し練習しましょう。

Point

（1）累乗の計算

① $-a^2=-(a\times a)$

② $-a^3=-(a\times a\times a)$

③ $(-a)^2=(-a)\times(-a)=a^2$

④ $(-a)^3=(-a)\times(-a)\times(-a)=-a^3$

（2）乗法公式

① $(ax+b)(cx+d)=acx^2+(ad+bc)x+bd$

② $(a+b)^3=a^3+3a^2b+3ab^2+b^3$

③ $(a-b)^3=a^3-3a^2b+3ab^2-b^3$

④ $(a+b)(a^2-ab+b^2)=a^3+b^3$

⑤ $(a-b)(a^2+ab+b^2)=a^3-b^3$

（3）指数法則

① $a^m\times a^n=a^{m+n}$

② $a^m\div a^n=a^{m-n}$ $(m>n)$

③ $(a^m)^n=a^{mn}$

④ $(ab)^m=a^mb^m$

(4) 因数分解

① $acx^2 + (ad + bc)x + bd = (ax + b)(cx + d)$

② $a^3 + b^3 = (a + b)(a^2 - ab + b^2)$

③ $a^3 - b^3 = (a - b)(a^2 + ab + b^2)$

④ $a^3 + 3a^2b + 3ab^2 + b^3 = (a + b)^3$

⑤ $a^3 - 3a^2b + 3ab^2 - b^3 = (a - b)^3$

方程式と不等式

準２級で主に出題される方程式は，２次方程式と連立方程式です。

連立方程式は文章題としてよく出題され，２次方程式は解の公式を使う場合もあります。

不等式は２次不等式が中心で，解の範囲を図示する問題もあります。等号を含む場合と含まない場合に注意しましょう。

Point

(1) ２次方程式 $ax^2 + bx + c = 0$ の解き方

① 因数分解を利用する

$ax^2 + bx + c = a(x - \alpha)(x - \beta)$ と因数分解できるとすると，

$a(x - \alpha)(x - \beta) = 0$ より，$x = \alpha,\ \beta$

② 解の公式を使う

$$x = \frac{-b \pm \sqrt{b^2 - 4ac}}{2a}$$

(2) ２次不等式の解き方

$a > 0$, $\alpha < \beta$ として，$ax^2 + bx + c = a(x - \alpha)(x - \beta)$ と表せるとき，

① $a(x - \alpha)(x - \beta) > 0 \ \rightarrow\ x < \alpha,\ \beta < x$

② $a(x - \alpha)(x - \beta) \geqq 0 \ \rightarrow\ x \leqq \alpha,\ \beta \leqq x$

③　$a(x-\alpha)(x-\beta)<0 \quad \rightarrow \quad \alpha<x<\beta$

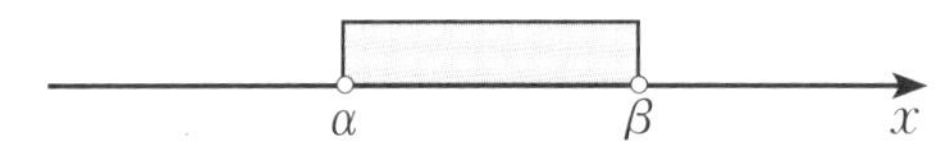

④　$a(x-\alpha)(x-\beta)\leqq 0 \quad \rightarrow \quad \alpha\leqq x\leqq\beta$

関数とグラフ

> 準２級では２次関数が中心で，三角比と並ぶ重要テーマです。
>
> まず，平方完成をきちんと理解し，軸の位置や頂点などに留意しながら，グラフの概形を描(えが)けるようにしましょう。
>
> また，xの値の範囲(定義域)に対応するyの値の範囲(値域)を把握し，関数の最大値・最小値が求められるようにしましょう。

Point

(1) ２次関数 $y=ax^2+bx+c$ ($a\neq 0$) の特徴

①　平方完成

$$y=ax^2+bx+c=a\left(x+\frac{b}{2a}\right)^2-\frac{b^2-4ac}{4a}$$

②　軸の方程式　$x=-\dfrac{b}{2a}$

③　頂点の座標　$\left(-\dfrac{b}{2a},\ -\dfrac{b^2-4ac}{4a}\right)$

(2) ２次関数のグラフ

①　$y=ax^2+bx+c$ ($a>0$)　　②　$y=ax^2+bx+c$ ($a<0$)

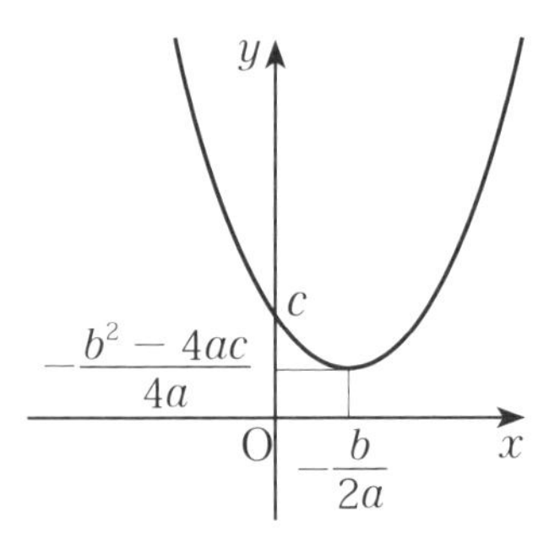

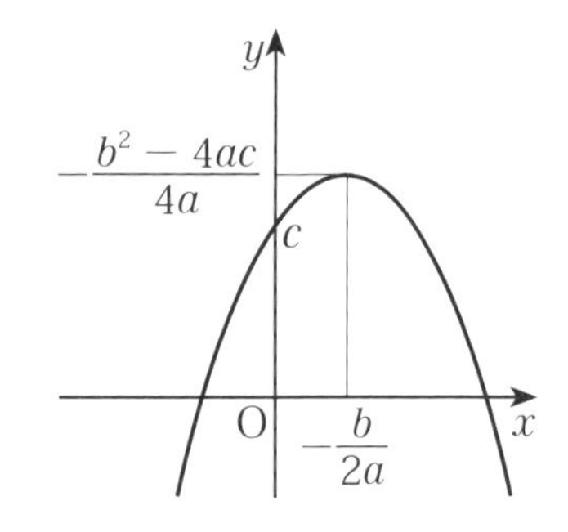

平面図形

準２級では，図形の角度や長さ，面積を求める問題がよく出題されます。平行線の性質，相似な図形，三平方の定理，円の性質などの基本を押さえ，それらをどのように使うのか，いろいろな問題を解きながら確認していきましょう。

Point

(1) 平行線における同位角，錯角（$\ell \mathbin{/\!/} m$ のとき，$\angle a = \angle b$）

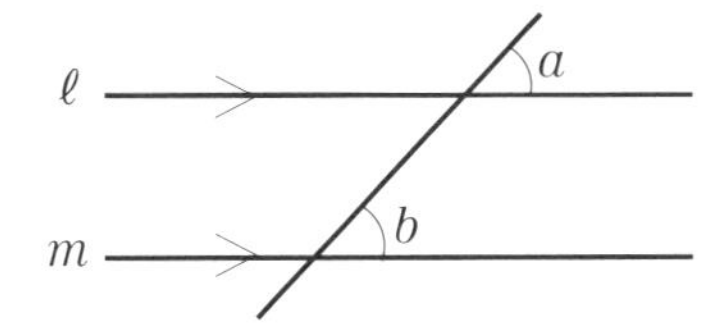

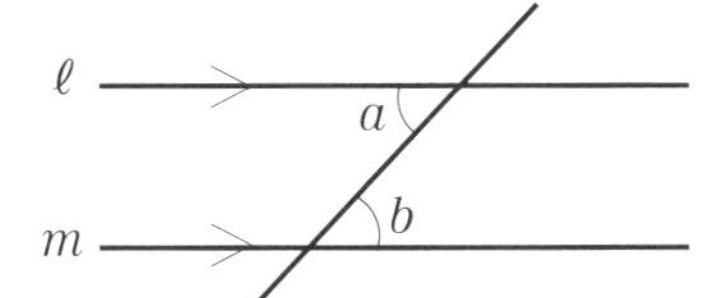

(2) 平行線でつくられる相似な図形

$\ell \mathbin{/\!/} m$ のとき，△AED ∽△CEB　$\ell \mathbin{/\!/} m$ のとき，△ABC ∽△ADE

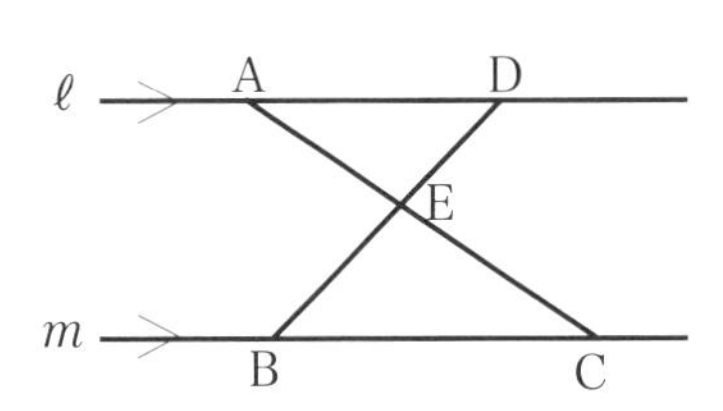

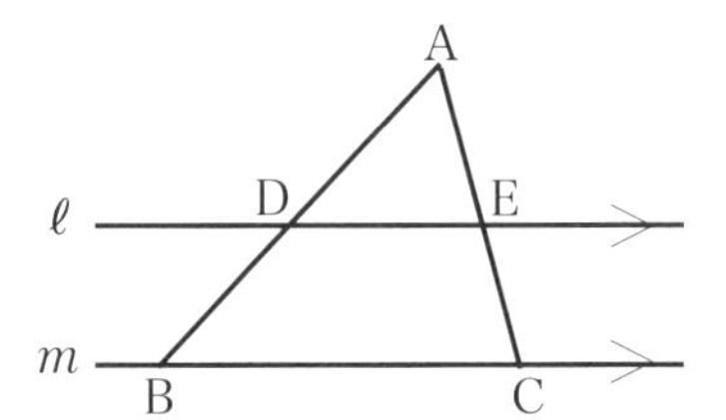

(3) 相似な図形の性質

① 相似な図形では，対応する線分の長さの比はすべて等しい。

② 相似な図形では，対応する角の大きさはすべて等しい。

(4) 三角形の相似条件

２つの三角形は，次のいずれかが成り立つとき相似であるといいます。

① ３組の辺の比がすべて等しい。

② ２組の辺の比が等しく，その間の角が等しい。

③ ２組の角がそれぞれ等しい。

(5) 三平方の定理（ピタゴラスの定理）

直角三角形の直角をはさむ２辺の長さを a，b とし，斜辺の長さを c とすると，次の関係が成り立ちます。

$$a^2 + b^2 = c^2$$

(6) 円周角と中心角

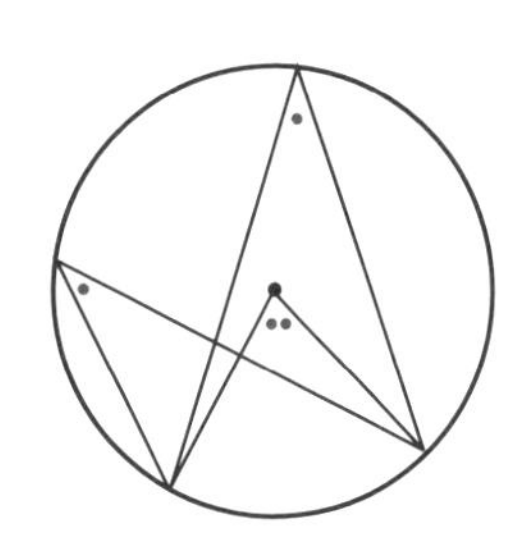

① 同じ弧に対する円周角の大きさは，その弧に対する中心角の大きさの $\frac{1}{2}$ です。

② 同じ弧に対する円周角の大きさはすべて等しい。

三角比

準２級では，正弦定理・余弦定理を使って辺の長さや面積を求める問題がよく出題されます。

三角比の定義・相互関係を理解した後，正弦定理・余弦定理をどのように活用するのか確認していきましょう。

Point

(1) 三角比の定義

鋭角の三角比は直角三角形で考えます。

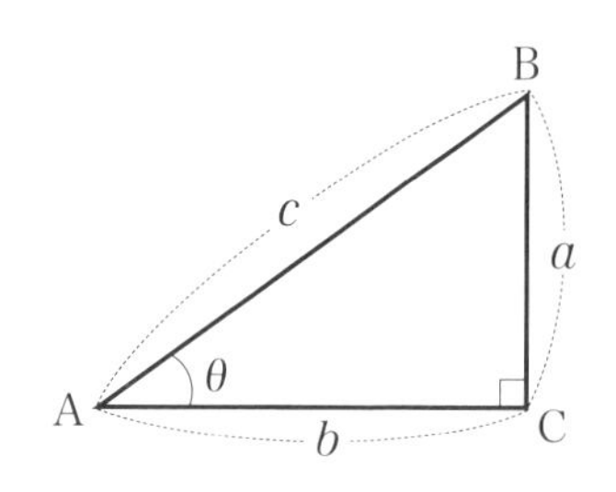

① $\sin\theta = \frac{a}{c}$　　$a = c\sin\theta$

② $\cos\theta = \frac{b}{c}$　　$b = c\cos\theta$

③ $\tan\theta = \frac{a}{b}$　　$a = b\tan\theta$

鈍角もふくめた三角比は，半径 r の円で考えます。

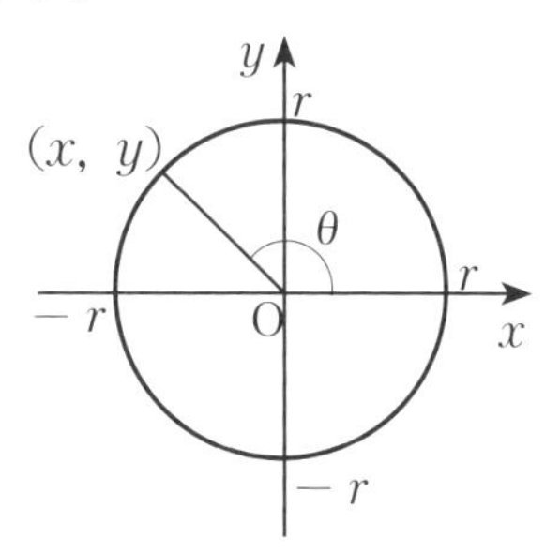

① $\sin\theta = \dfrac{y}{r}$　　$y = r\sin\theta$

② $\cos\theta = \dfrac{x}{r}$　　$x = r\cos\theta$

③ $\tan\theta = \dfrac{y}{x}$　　$y = x\tan\theta$

(2) 三角比の相互関係

① $\sin^2\theta + \cos^2\theta = 1$

② $\tan\theta = \dfrac{\sin\theta}{\cos\theta}$

③ $1 + \tan^2\theta = \dfrac{1}{\cos^2\theta}$

(3) 正弦定理と余弦定理

① 正弦定理

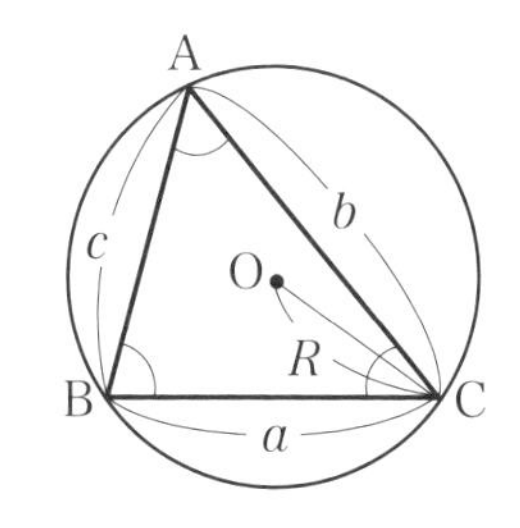

△ABC の外接円の半径を R，AB $= c$，BC $= a$，CA $= b$ とすると，

$$\frac{a}{\sin A} = \frac{b}{\sin B} = \frac{c}{\sin C} = 2R$$

② 余弦定理

△ABC において，次の式が成り立ちます。

$$a^2 = b^2 + c^2 - 2bc\cos A$$
$$b^2 = c^2 + a^2 - 2ca\cos B$$
$$c^2 = a^2 + b^2 - 2ab\cos C$$

(4) 三角形の面積の表し方

① 2辺とその間の角を用いて表します。

$$S = \frac{1}{2}bc\sin A = \frac{1}{2}ca\sin B = \frac{1}{2}ab\sin C$$

② 3辺の長さを用いて表します（ヘロンの公式）。

$$S = \sqrt{s(s-a)(s-b)(s-c)} \quad \left(s = \frac{a+b+c}{2}\right)$$

場合の数

「場合の数」では，順列，組合せの考え方を用いる問題も多く，確率の問題を解くうえで重要な考え方をふくんでいます。

公式については，暗記するだけではなく，図や表をかいて実際に確認しながら理解していきましょう。

Point

(1) 集合：全体集合 U の部分集合 A，B について

① 集合「A または B」を $A \cup B$, 集合「A かつ B」を $A \cap B$ で表します。

② A の補集合を $\overline{A}$ とし，B の補集合を $\overline{B}$ とすると，

$$\overline{A \cap B} = \overline{A} \cup \overline{B},\ \overline{A \cup B} = \overline{A} \cap \overline{B}$$

③ A，B それぞれの要素の個数を $n(A)$，$n(B)$ とすると，

$$n(A \cup B) = n(A) + n(B) - n(A \cap B)$$

(2) 順列と組合せ

① 順列：異なる n 個のものから r 個を取り，順序を決めて 1 列に並べる並べ方

$${}_n\mathrm{P}_r = n(n-1)(n-2)\ \cdots\cdots\ (n-r+1) = \frac{n!}{(n-r)!}$$

② 組合せ：異なる n 個のものから r 個を取る取り方

$${}_n\mathrm{C}_r = \frac{{}_n\mathrm{P}_r}{r!} = \frac{n!}{r!(n-r)!}$$

③ 組合せの公式

$${}_n\mathrm{C}_r = {}_n\mathrm{C}_{n-r}$$

$${}_n\mathrm{C}_r = {}_{n-1}\mathrm{C}_{r-1} + {}_{n-1}\mathrm{C}_r$$

確　率

準２級の確率に関する問題としては，①余事象，②独立試行などの考え方を用いる問題が出題されます。

確率の問題を解くときには，まず具体的なイメージをつかむために樹形図や表をかいて，数えあげてみましょう。その上で，順列や組合せの考え方を用いて，効率よく計算をすすめることが大切です。

Point

(1) 確率の基本性質

事象 A，事象 B が起こる確率を $P(A)$，$P(B)$ とすると，

$$0 \leqq P(A) \leqq 1,\ 0 \leqq P(B) \leqq 1$$

(2) 和事象と排反事象

事象 A と事象 B のいずれかが起こる確率を $P(A \cup B)$，事象 A と事象 B が同時に起こる確率を $P(A \cap B)$ とすると，

$$P(A \cup B) = P(A) + P(B) - P(A \cap B)$$

とくに，A と B が排反であるとき，

$$P(A \cup B) = P(A) + P(B)$$

(3) 余事象の確率

事象 A が起こらない確率を $P(\overline{A})$ とすると，$P(\overline{A}) = 1 - P(A)$

(4) 独立試行の確率

２つの独立な試行 T_1，T_2 に対し，T_1 で事象 A が起こり，T_2 で事象 B が起こる確率 $P(A \cap B)$ は，

$$P(A \cap B) = P(A)\ P(B)$$

2次検定のポイント

2次検定では，すでにあげた項目の中でも，以下のテーマからの出題が目立ちます。また，解答だけでなく，解答を導く過程も記述する設問が多いですから，解答の途中まででも書いておくことが大切です。

① 方程式
② 2次関数
③ 平面図形

① 方程式では，連立方程式に関する文章題がよく出題されています。与えられた問題文をよく読んで，条件を整理し，方程式をたてましょう。
② 2次関数では，放物線に関する応用問題が主に出題されます。まずは，平方完成を確実におぼえ，軸の方程式や頂点の座標を求められるようにしましょう。いずれも，単なる計算問題は少ないので，必ず図をかきながら，解法パターンの流れを理解しましょう。
③ 平面図形では，いろいろな図形の長さや面積を求める問題とあわせて，証明問題もよく出題されています。
これらの問題は，三角比の応用問題として出題されることも多く，平行線の性質や相似，三平方の定理とあわせて，三角形の基本的な定理（正弦定理，余弦定理，三角形の面積の表し方）を理解しておきましょう。

2次検定では，ほかに，整数問題や等式・不等式の証明問題，規則性を問うような問題が出題されることがあります。

一見わかりづらいこともありますが，問題文にある条件をしっかりと把握し，具体的な値を代入したり，図表で表したりして，きちんと理解するようにしましょう。

また，問題がいくつかの小問に分かれていることが多く，その場合は，前の設問を手がかりに，次の設問を考えていくことがポイントです。

第1回　数学検定

準2級

1次 ＜計算技能検定＞

―― 検定上の注意 ――

1. 検定時間は50分です。
2. 電卓・ものさし・コンパスを使用することはできません。
3. 解答用紙には答えだけを書いてください。
4. 答えが分数になるとき，約分してもっとも簡単な分数にしてください。
5. 答えに根号が含まれるとき，根号の中の数はもっとも小さい正の整数にしてください。

※解答用紙は182ページ

Ⓒ成美堂出版

1　次の問いに答えなさい。

(1)　次の式を展開して計算しなさい。

$$(x-y)(x-2y)-(x-3y)^2$$

(2) 次の式を因数分解しなさい。

$$5x^2-50x+125$$

(3) 次の方程式を解きなさい。

$$x^2-5x-24=0$$

(4) 次の計算をしなさい。

$$(2\sqrt{3}-\sqrt{2})(\sqrt{3}+5\sqrt{2})-\sqrt{54}$$

(5) 関数 $y=-2x^2$ において，x の変域 $-3 \leqq x \leqq 2$ のとき，y の変域を求めなさい。

2 次の問いに答えなさい。

(6) 対角線の長さが $6\sqrt{3}$ cm の立方体の1辺の長さを求めなさい。

(7) 右の図において，$\ell \mathbin{/\mkern-5mu/} m$ のとき，
x の値を求めなさい。

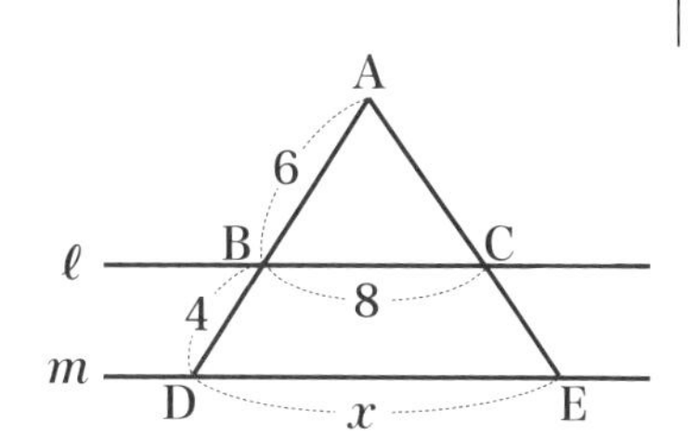

(8) 次の式を展開して計算しなさい。

$$(x+2y-1)(x-2y+1)$$

(9) 次の式を因数分解しなさい。

$$8x^3-9(4x^2-6x+3)$$

(10) 右の図の△ABC について，
辺 AC の長さを求めなさい。

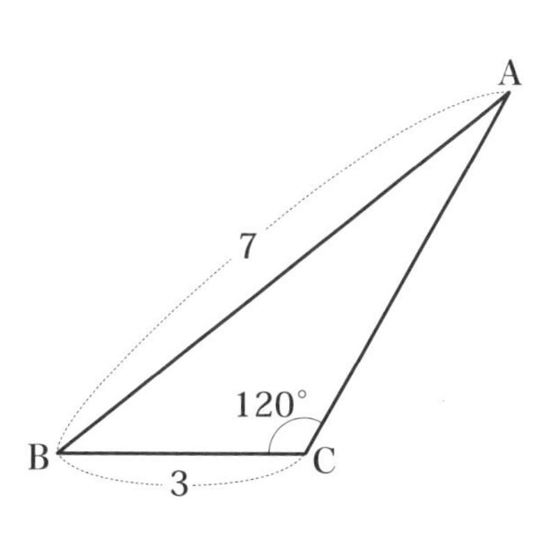

解説・解答▷▶ p.58 ～ p.64

3 次の問いに答えなさい。

(11) 2次関数 $y = -x^2 - 6x - 2$ の最大値を求めなさい。

(12) 2次不等式 $4x^2 + 8x - 5 \geqq 0$ を解きなさい。

(13) 3個のさいころを同時に投げるとき，出る目の数の積が偶数となる確率を求めなさい。

(14) $0° < \theta < 90°$ とします。$\tan\theta = \frac{2}{3}$ のとき，次の問いに答えなさい。

① $\cos\theta$ の値を求めなさい。

② $\sin\theta$ の値を求めなさい。

(15) 集合 $A = \{1, 2, 3, 5, 6, 7, 8\}$ と集合 $B = \{2, 4, 6, 8\}$ について，次の問いに答えなさい。

① 集合 $A \cap B$ を，要素を書き並べる方法で表しなさい。

② 集合 $A \cup B$ の要素の個数を求めなさい。

解説・解答▷ p.65 ～ p.68

第1回　数学検定

準2級

2次〈数理技能検定〉

―― 検定上の注意 ――

1. 検定時間は90分です。
2. 電卓を使用することができます。
3. 解答は必ず解答用紙に書き，解法の過程がわかるように記述してください。ただし，「答えだけを書いてください」と指示されている問題は答えだけを書いてください。
4. 答えが分数になるとき，約分してもっとも簡単な分数にしてください。
5. 答えに根号が含まれるとき，根号の中の数はもっとも小さい正の整数にしてください。

※解答用紙は183ページ

© 成美堂出版

1

1個50円の値段で売ると1日200個売れる商品があります。この商品は値段を1円下げるごとに1日の売り上げ個数が6個ずつ増えます。このとき，次の問いに答えなさい。ただし，消費税は考えないものとします。

(1)　この商品の値段を x 円値下げするとき，この商品の1日の売り上げ金額を求めなさい。この問題は答えだけを書いてください。

(表現技能)

(2)　この商品の1日の売り上げ金額を10,304円にするには，1個の値段を何円にすればよいですか。

2

次の問いに答えなさい。

(3)　n を2以上の正の整数とするとき，n^4+4 は素数でないことを証明しなさい。

(証明技能)

3

次の問いに答えなさい。

(4)　$3^3=14^2-13^2$ のように，3^3 は2つの正の整数の平方の差の形で表すことができます。$11^3=p^2-q^2$ となるような正の整数 p，q の組 $(p,\ q)$ をすべて求めなさい。この問題は答えだけを書いてください。

4　2次関数 $y=-x^2+4x+2k-3$ について，次の問いに答えなさい。

(5)　上の2次関数のグラフの頂点の座標を求めなさい。この問題は答えだけを書いてください。

(6) 上の2次関数の y の値が，$1 \leqq x \leqq 4$ の範囲で常に正となるように，k の値の範囲を定めなさい。

5　△ABCにおいて，∠A ＝ 120°，AB ＝ 6，CA ＝ 8のとき，次の問いに答えなさい。

(7)　∠Aの二等分線が辺BCと交わる点をDとするとき，線分ADの長さを求めなさい。　（測定技能）

6　[1]，[2]，[3]，[4]，[5]，[6]，[7]，[8]の8枚のカードがあります。この8枚のカードを袋に入れ，中を見ないで2枚のカードを同時に取り出すとき，次の問いに答えなさい。

(8)　カードに書かれた2つの数の積が偶数である確率を求めなさい。

(9)　カードに書かれた2つの数の積が4の倍数である確率を求めなさい。

解説・解答▷▶ p.70 ～ p.76

7　次の問いに答えなさい。

(10)　2乗したら，下2けたの数が89になる2けたの自然数は何個ありますか。この問題は答えだけを書いてください。

解説・解答▷▶ p.77

第2回　数学検定

準2級

1次　＜計算技能検定＞

―― 検定上の注意 ――

1. 検定時間は50分です。
2. 電卓・ものさし・コンパスを使用することはできません。
3. 解答用紙には答えだけを書いてください。
4. 答えが分数になるとき，約分してもっとも簡単な分数にしてください。
5. 答えに根号が含まれるとき，根号の中の数はもっとも小さい正の整数にしてください。

※解答用紙は184ページ

Ⓒ成美堂出版

1 次の問いに答えなさい。

(1) 次の式を展開して計算しなさい。

$$(x+2y)(x-4y)-(-x+3y)(-x-3y)$$

(2) 次の式を因数分解しなさい。

$$(a-2b)(a+3b)+(2b-a)c$$

(3) 次の方程式を解きなさい。

$$2x^2-x-4=0$$

(4) 次の計算をしなさい。

$$-\frac{8}{\sqrt{2}}-(\sqrt{2}-2)^2$$

(5) 等式 $S=\frac{1}{2}ac+bc$ $(a \neq -2b)$ を c について解きなさい。

2 次の問いに答えなさい。

(6) 表面積が 48 cm^2 の立方体の 1 辺の長さを求めなさい。

(7) 右の図において，$\ell \mathbin{/\!/} m \mathbin{/\!/} n$ のとき，x の値を求めなさい。

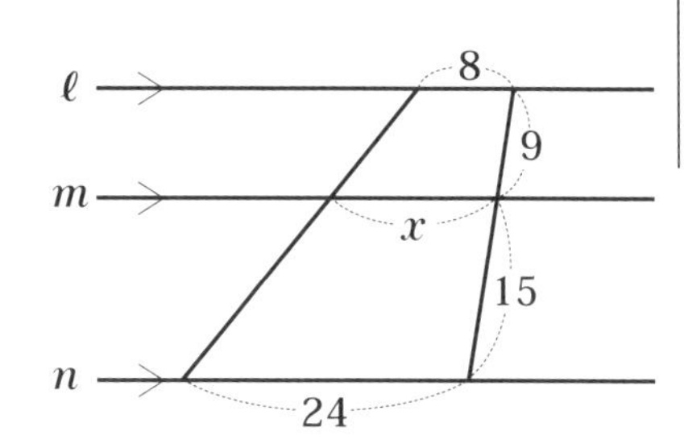

(8) 次の式を展開して計算しなさい。

$$(x^2 - x - 3)^2$$

(9) 次の式を因数分解しなさい。

$$2x^4 + 16x$$

(10) 次の計算をしなさい。

$$\frac{2}{2-\sqrt{3}} - \sqrt{12}$$

解説・解答▷▶ p.79 ～ p.85

3 次の問いに答えなさい。

(11) 放物線 $y = 3x^2 - 12x - 3$ の頂点の座標を求めなさい。

(12) 2次不等式 $3x^2 - 10x + 3 \leqq 0$ を解きなさい。

(13) 大小2つのさいころを同時に投げるとき，出る目の数の和が5の倍数となる確率を求めなさい。

(14) $0° < \theta < 180°$ とします。$\cos\theta = -\dfrac{1}{3}$ のとき，次の問いに答えなさい。

① $\sin\theta$ の値を求めなさい。

② $\tan\theta$ の値を求めなさい。

(15) 集合 $A = \{1, 3, 5, 7, 8\}$ と集合 $B = \{1, 3, 6, 8, 9\}$ について，次の問いに答えなさい。

① 集合 $A \cup B$ を，要素を書き並べる方法で表しなさい。

② 集合 $A \cap B$ の要素の個数を求めなさい。

解説・解答 ▷▶ p.86 ～ p.89

第2回　数学検定

準2級

2次　〈数理技能検定〉

―― 検定上の注意 ――

1. 検定時間は90分です。
2. 電卓を使用することができます。
3. 解答は必ず解答用紙に書き，解法の過程がわかるように記述してください。ただし，「答えだけを書いてください」と指示されている問題は答えだけを書いてください。
4. 答えが分数になるとき，約分してもっとも簡単な分数にしてください。
5. 答えに根号が含まれるとき，根号の中の数はもっとも小さい正の整数にしてください。

※解答用紙は185ページ

© 成美堂出版

1 ある試験を行ったところ，A グループの 9 人の平均点は a 点，B グループ b 人の平均点は 81 点で，A グループと B グループを合わせた平均点は 72 点でした。次の問いに答えなさい。

(1) A グループの平均点 a を b で表しなさい。この問題は答えだけを書いて下さい。 (表現技能)

(2) 別の試験を行ったところ，A グループの平均点が 81 点，B グループの平均点が a 点で，A グループと B グループを合わせた平均点は 71 点になりました。このとき，B グループの人数は何人ですか。

2 次の問いに答えなさい。

(3) n は 6 以上の正の整数とします。$A = n^2 - 25$ とするとき，A が偶数ならば A は 8 の倍数であることを証明しなさい。 (証明技能)

3 次の問いに答えなさい。

(4) 1369，1117，781 をある正の整数 n でわると，余りがすべて等しくなりました。このような n のうち最大の数を求めなさい。この問題は答えだけを書いてください。

4 2次関数 $y = -x^2 + (2k - 4)x - 9$（k は定数）について，次の問いに答えなさい。

(5) 上の2次関数の頂点の座標を求めなさい。この問題は答えだけを書いてください。

(6) 上の2次関数の頂点が第2象限にあるように定数 k の値の範囲を定めなさい。

5 3個のさいころを同時に投げるとき，次の問いに答えなさい。

(7) 少なくとも2個のさいころの目が一致する確率を求めなさい。

6 $\triangle$ABC において，$5\sin A = 8\sin B$，$\angle C = 60°$ のとき，次の問いに答えなさい。

(8) 辺 BC と辺 CA の長さの比をもっとも簡単な整数の比で表しなさい。この問題は答えだけを書いてください。

(9) $AB = \frac{7}{2}$ のとき，$\triangle$ABC の面積を求めなさい。

解説・解答▷▶ p.91 ～ p.99

7 1から25までの数字が1つずつ書いてある25枚のカードがあります。このカードを全て表の状態にして並べます。次の問いに答えなさい。この問題は答えだけを書いて下さい。

1	2	3	……	25

(10) 25枚のカードに次の24個の操作を行います。

操作1　数字が2の倍数であるカードを全部裏返す。

操作2　数字が3の倍数であるカードを全部裏返す。

⋮

操作n　数字が$n+1$の倍数であるカードを全部裏返す。

⋮

操作24　数字が25の倍数であるカードを全部裏返す。

このとき，表の状態であるカード全ての数字の和を求めなさい。

(整理技能)

解説・解答▷▶ p.100

第3回　数学検定

準2級

1次 <計算技能検定>

検定上の注意

1. 検定時間は50分です。
2. 電卓・ものさし・コンパスを使用することはできません。
3. 解答用紙には答えだけを書いてください。
4. 答えが分数になるとき，約分してもっとも簡単な分数にしてください。
5. 答えに根号が含まれるとき，根号の中の数はもっとも小さい正の整数にしてください。

※解答用紙は186ページ

Ⓒ成美堂出版

1 次の問いに答えなさい。

(1) 次の式を展開して計算しなさい。

$$(x+5)(x-1)+(x+2)(x-2)$$

(2) 次の式を因数分解しなさい。

$$2a^2b-12ab^2+18b^3$$

(3) 次の方程式を解きなさい。

$$x^2-8x+12=0$$

(4) 次の計算をしなさい。

$$(\sqrt{6}-1)^2-(\sqrt{3}-\sqrt{2})^2$$

(5) y は x^2 に比例し，$x=-3$ のとき $y=-6$ です。このとき，y を x の式で表しなさい。

2 次の問いに答えなさい。

(6) 右の図の△ABCについて，辺ACの長さを求めなさい。

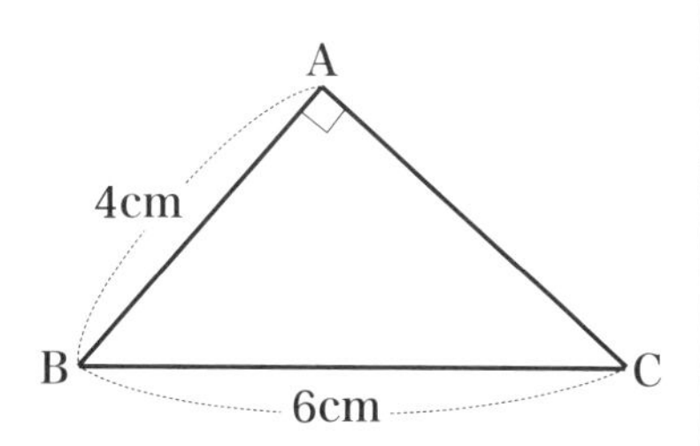

(7) 右の図において，xの値を求めなさい。

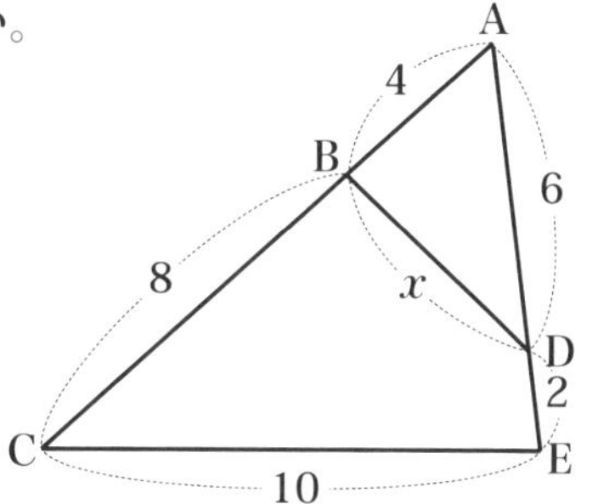

(8) 次の式を展開して計算しなさい。

$$(2a+3b)(4a^2-6ab+9b^2)$$

(9) 次の式を因数分解しなさい。

$$24a^3b^3-81$$

(10) 次の計算をしなさい。

$$\frac{4}{\sqrt{3}+1}-(1+\sqrt{3})^2$$

解説・解答▷▶ p.102 ～ p.108

3　次の問いに答えなさい。

(11)　放物線 $y = -2x^2 + 3x + 1$ の頂点の座標を求めなさい。

(12)　2次不等式 $x^2 - 2x - 1 > 0$ を解きなさい。

(13)　大小2個のさいころを同時に投げるとき，出る目の数の和が4以上となる確率を求めなさい。

(14)　$\triangle$ABC において，$\tan A = -3$ のとき，次の問いに答えなさい。

①　$\cos A$ の値を求めなさい。

②　$\sin A$ の値を求めなさい。

(15)　$U = \{1, 2, 3, 4, 5, 6, 7, 8\}$ を全体集合とするとき，集合 $A = \{1, 3, 6, 8\}$ と集合 $B = \{2, 4, 6, 8\}$ について，次の問いに答えなさい。

①　集合 $A \cup B$ を，要素を書き並べる方法で表しなさい。

②　集合 $\overline{A} \cap B$ を，要素を書き並べる方法で表しなさい。

解説・解答▷▶ p.109 ～ p.113

第3回 数学検定

準2級

2次 ＜数理技能検定＞

検定上の注意

1. 検定時間は90分です。
2. 電卓を使用することができます。
3. 解答は必ず解答用紙に書き，解法の過程がわかるように記述してください。ただし，「答えだけを書いてください」と指示されている問題は答えだけを書いてください。
4. 答えが分数になるとき，約分してもっとも簡単な分数にしてください。
5. 答えに根号が含まれるとき，根号の中の数はもっとも小さい正の整数にしてください。

※解答用紙は187ページ

© 成美堂出版

1 3%の食塩水 a g と x %の食塩水 bg を混ぜたら，5 %の食塩水ができました。このとき，次の問いに答えなさい。

(1) x を用いて，$a : b$ を表しなさい。この問題は答えだけを書いてください。 (表現技能)

(2) 混ぜる量を逆にしたら，6 %の食塩水ができるとき，x の値を求めなさい。

2 次の問いに答えなさい。

(3) n を正の整数とします。$n^3 + 2n + 2$ を 3 でわった余りは 2 であることを証明しなさい。 (証明技能)

3 次の問いに答えなさい。

(4) 48 以下の異なる 3 つの素数を a，b，c $(a < b < c)$ とします。このとき，$a + b + c = 48$ となる a，b，c の組は何組ありますか。この問題は答えだけを書いてください。

4　2 次関数 $y = -2x^2 + 8x + k$（k は定数）について，次の問いに答えなさい。

(5)　上の 2 次関数の頂点の座標を求めなさい。この問題は答えだけを書いてください。

(6)　$1 \leqq x \leqq 5$ における最小値が 6 となる k の値を定めなさい。また，このときの頂点の座標を求めなさい。

5　次の問いに答えなさい。

(7)　△ABC において，AB = 7，BC = 13，CA = 8 のとき，△ABC の面積を求めなさい。　（測定技能）

6　白玉 1 個，赤玉 3 個が入っている袋から玉を 1 個取り出し，色を調べてからもとに戻すことを 4 回続けて行います。このとき，次の問いに答えなさい。

(8)　白玉がちょうど 2 回出る確率を求めなさい。

(9)　4 回目に 2 度目の白玉が出る確率を求めなさい。

解説・解答▷▶ p.115 ～ p.122

7 次の問いに答えなさい。

(10) x, y, z は正の整数で，等式 $\frac{x}{4}+\frac{y}{3}+\frac{z}{2}=2$ が成り立っています。このとき，x, y, z の値をそれぞれ求めなさい。この問題は答えだけを書いてください。

解説・解答▷▶ p.123

第4回　数学検定

準2級

1次　〈計算技能検定〉

—— 検定上の注意 ——

1. 検定時間は50分です。
2. 電卓・ものさし・コンパスを使用することはできません。
3. 解答用紙には答えだけを書いてください。
4. 答えが分数になるとき，約分してもっとも簡単な分数にしてください。
5. 答えに根号が含まれるとき，根号の中の数はもっとも小さい正の整数にしてください。

※解答用紙は188ページ

Ⓒ成美堂出版

1　次の問いに答えなさい。

(1)　次の式を展開して計算しなさい。

$$(x+3)^2-(x-1)(x-3)$$

(2)　次の式を因数分解しなさい。

$$12x^2y^3-27y$$

(3)　次の方程式を解きなさい。

$$x^2+6x-16=0$$

(4)　次の計算をしなさい。

$$(\sqrt{2}+\sqrt{7})^2-\sqrt{56}$$

(5)　y は x の 2 乗に反比例し，$x=-2$ のときと $y=-2$ です。$y=-4$ のときの x の値を求めなさい。

2 次の問いに答えなさい。

(6) 1辺の長さが3 cm，4 cm，5 cmの直方体があります。この直方体の対角線の長さを求めなさい。

(7) 右の図において，xの値を求めなさい。

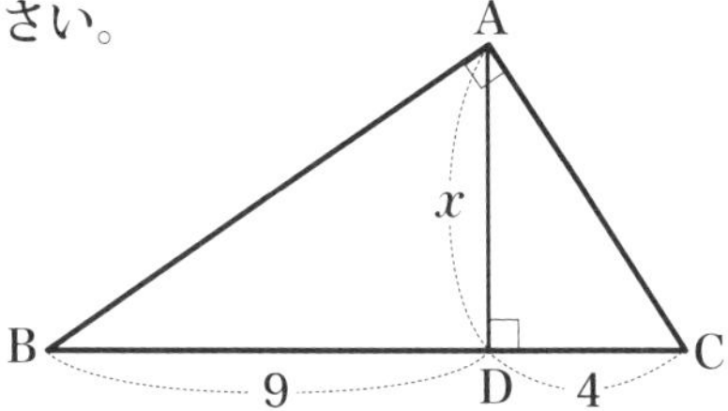

(8) 次の式を展開して計算しなさい。

$$(2x-1)(4x^2+2x+1)$$

(9) 次の式を因数分解しなさい。

$$2a(4a^2+6ab+3b^2)+b^3$$

(10) $x-\dfrac{1}{x}=3$のとき，$x^2+\dfrac{1}{x^2}$の値を求めなさい。

3 次の問いに答えなさい。

(11) 2次関数 $y = x^2 - 6x + 11$ $(-1 \leqq x \leqq 2)$ の最小値を求めなさい。

(12) 2次不等式 $2x^2 + 5x - 12 > 0$ を解きなさい。

(13) 大小2つのさいころを同時に投げるとき，出る目の数の積が12の約数となる確率を求めなさい。

(14) $90° < \theta < 180°$ とします。$\sin\theta = \dfrac{3}{4}$ のとき，次の問いに答えなさい。

① $\cos\theta$ の値を求めなさい。

② $\tan\theta$ の値を求めなさい。

(15) $U = \{1, 2, 3, 4, 5, 6, 7, 8, 9\}$ を全体集合とするとき，集合 $A = \{2, 5, 6, 8, 9\}$ と集合 $B = \{1, 4, 5, 6, 9\}$ について，次の問いに答えなさい。

① 集合 $A \cap B$ を，要素を書き並べる方法で表しなさい。

② 集合 $\overline{A} \cup B$ の要素の個数を求めなさい。

解説・解答▷▶ p.132 ～ p.136

第4回　数学検定

準2級

2次 ＜数理技能検定＞

―― 検定上の注意 ――

1. 検定時間は90分です。
2. 電卓を使用することができます。
3. 解答は必ず解答用紙に書き，解法の過程がわかるように記述してください。ただし，「答えだけを書いてください」と指示されている問題は答えだけを書いてください。
4. 答えが分数になるとき，約分してもっとも簡単な分数にしてください。
5. 答えに根号が含まれるとき，根号の中の数はもっとも小さい正の整数にしてください。

※解答用紙は189ページ

© 成美堂出版

1 3台の自動車A，B，Cが，同地点から同方向に向かって一定の速度でB，A，Cの順に出発しました。AはBより5分遅れて出発し，20分後にBに追いつきました。CはAより10分遅れて出発し，30分後にBに追いつきました。このとき，次の問いに答えなさい。

(1) A，B，Cの分速を，x m，y m，z mとするとき，x，zをyを用いて表しなさい。（表現技能）

(2) CがAに追いつくのは，Cが出発してから何分後ですか。

2 次の問いに答えなさい。

(3) 3けたの自然数nの百の位をa，十の位をb，一の位をcとする。$a+c-b$が11の倍数のとき，nは11の倍数であることを証明しなさい。（証明技能）

3 次の問いに答えなさい。

(4) $\dfrac{3}{a}+\dfrac{2}{b}=1$を満たす正の整数$a$，$b$の組（$a$，$b$）をすべて求めなさい。この問題は答えだけを書いてください。

4 x の 2 次方程式 $x^2 + ax + 3a + 1 = 0$ について，解の 1 つが $2a + 1$ であるとき，次の問いに答えなさい。

(5) a の値を求めなさい。この問題は答えだけを書いてください。

(6) 上の方程式の $2a + 1$ 以外の解を求めなさい。

5 1 個のさいころを 5 回続けて投げるとき，次の問いに答えなさい。

(7) 3 の倍数が 3 回以上出る確率を求めなさい。

6 円に内接する四角形 ABCD において，AB = 6, BC = 5, CD = 4, ∠ BCD = 120°のとき，次の問いに答えなさい。 (測定技能)

(8) 線分 BD の長さを求めなさい。この問題は答えだけを書いてください。

(9) 辺 AD の長さを求めなさい。

解説・解答▷▶ p.138 ～ p.145

7 次の問いに答えなさい。

(10) 2乗しても下2けたの数が変わらない2けたの自然数は2つあります。このうち，大きいほうの数を求めなさい。この問題は答えだけを書いてください。

解説・解答▷▶ p.146

第5回　数学検定

準2級

1次 〈計算技能検定〉

―― 検定上の注意 ――

1. 検定時間は50分です。
2. 電卓・ものさし・コンパスを使用することはできません。
3. 解答用紙には答えだけを書いてください。
4. 答えが分数になるとき，約分してもっとも簡単な分数にしてください。
5. 答えに根号が含まれるとき，根号の中の数はもっとも小さい正の整数にしてください。

※解答用紙は190ページ

© 成美堂出版

1　次の問いに答えなさい。

(1)　次の式を展開して計算しなさい。

$$x(x-3)-(x-2)^2$$

(2)　次の式を因数分解しなさい。

$$8a^3b^2-8a^2b+2a$$

(3)　次の方程式を解きなさい。

$$2x^2-6x+1=0$$

(4)　次の計算をしなさい。

$$(2-\sqrt{3})^2-\frac{12}{\sqrt{3}}$$

(5)　2次関数 $y=\frac{3}{2}x^2$ において，$x=-2\sqrt{3}$ のときの y の値を求めなさい。

2 次の問いに答えなさい。

(6) 右の図の二等辺三角形について，x の値を求めなさい。

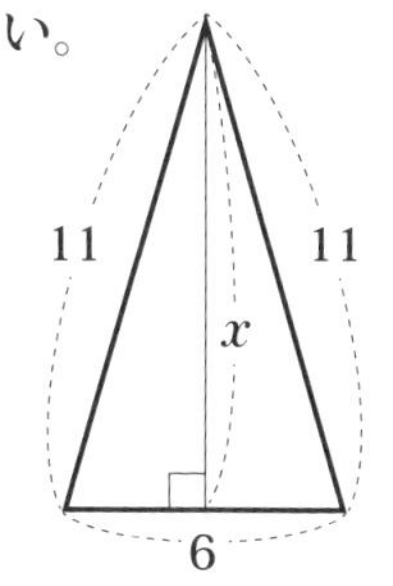

(7) 右の図において，x の値を求めなさい。

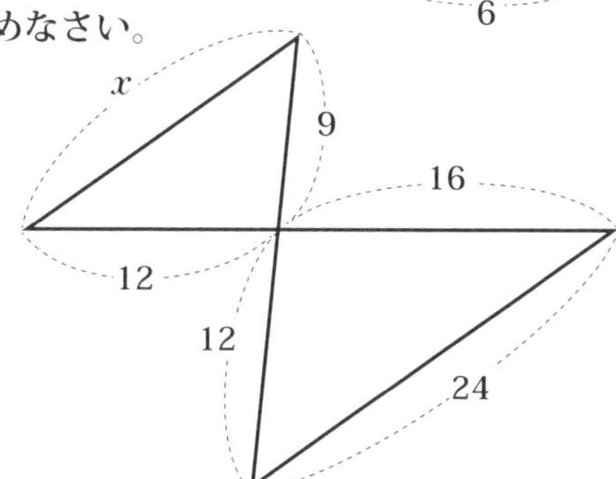

(8) 次の式を展開して計算しなさい。

$$(x+y)(x-y)(x^4+x^2y^2+y^4)$$

(9) 次の式を因数分解しなさい。

$$3x^2+7xy-6y^2$$

(10) $x=2-\sqrt{7}$ とするとき，x^2-4x+3 の値を求めなさい。

解説・解答▷▶ p.148 ～ p.154

3 次の問いに答えなさい。

(11) 2 次関数 $y = 2x^2 + 12x + a$ の最小値が 5 となるように定数 a の値を定めなさい。

(12) 2 次不等式 $2x^2 - 5x - 12 > 0$ を解きなさい。

(13) 2 個のさいころを同時に投げるとき，少なくとも一方に 3 の倍数の目が出る確率を求めなさい。

(14) $90° < \theta < 180°$ とします。$\sin\theta = \dfrac{2}{3}$ のとき，次の問いに答えなさい。

① $\cos\theta$ の値を求めなさい。

② $\tan\theta$ の値を求めなさい。

(15) $U = \{1, 2, 3, 4, 5, 6, 7, 8, 9\}$ を全体集合とするとき，集合 $A = \{2, 3, 4, 5, 9\}$ と集合 $B = \{2, 4, 6, 8\}$ について，次の問いに答えなさい。

① 集合 $\overline{A \cup B}$ を，要素を書き並べる方法で表しなさい。

② 集合 $A \cap \overline{B}$ を，要素を書き並べる方法で表しなさい。

解説・解答▷▶ p.155 ～ p.159

第5回　数学検定

準2級

2次　〈数理技能検定〉

―― 検定上の注意 ――

1. 検定時間は90分です。
2. 電卓を使用することができます。
3. 解答は必ず解答用紙に書き，解法の過程がわかるように記述してください。ただし，「答えだけを書いてください」と指示されている問題は答えだけを書いてください。
4. 答えが分数になるとき，約分してもっとも簡単な分数にしてください。
5. 答えに根号が含まれるとき，根号の中の数はもっとも小さい正の整数にしてください。

※解答用紙は191ページ

Ⓒ成美堂出版

1

AD // BC である台形 ABCD において，AD = 4 cm，AD < BC，∠B = 60°，∠C = 45°のとき，次の問いに答えなさい。

(1) この台形の高さを x cm とするとき，BC の長さを x を用いて表しなさい。この問題は答えだけを書いてください。 **(表現技能)**

(2) BC = 16 cm のとき，この台形の面積を求めなさい。

2

次の問いに答えなさい。

(3) n が奇数のとき，$(n+1)^3+(2n+3)^2-1$ は，16 の倍数であることを証明しなさい。

3

次の問いに答えなさい。

(4) $\frac{385}{36}$ をかけても，$\frac{63}{220}$ でわっても自然数になる分数の中で，最小の分数を求めなさい。この問題は答えだけを書いて下さい。

4　2次関数 $y = 2x^2 + 6kx + 7k + 4$（k は定数）について，次の問いに答えなさい。

(5)　上の2次関数のグラフの頂点の座標を求めなさい。この問題は答えだけを書いてください。

(6)　上の2次関数のグラフが x 軸と異なる2点で交わるように，定数 k の値の範囲を定めなさい。

5　1個のさいころを続けて投げ，5以上の目が3回出たところで投げるのをやめるとき，次の問いに答えなさい。

(7)　5回投げてもやめにならないで，6回投げてやめることになる確率を求めなさい。

6　△ABCにおいて，AB = 5，CA = 7，$\cos A = \frac{1}{7}$ のとき，次の問いに答えなさい。

(8)　$\cos B$ の値を求めなさい。この問題は答えだけを書いてください。

(9)　∠Aの二等分線が辺BCと交わる点をDとするとき，線分ADの長さを求めなさい。　（測定技能）

解説・解答▷▶ p.161 ～ p.169

7 次の問いに答えなさい。

(10) $\sqrt{N^2+300}$ が自然数となるような自然数 N は何個ありますか。この問題は答えだけを書いてください。

解説・解答▷▶ p.170

読んでおぼえよう解法のコツ 準2級 解説・解答

本試験と同じ形式の問題5回分のくわしい解説と解答がまとめられています。鉛筆と計算用紙を用意して，特に，わからなかった問題やミスをした問題をじっくり検討してみましょう。そうすることにより，数学検定準2級合格に十分な実力を身につけることができます。

大切なことは解答の誤りを見過ごさないで，単純ミスか，知識不足か，考え方のまちがいか，原因をつきつめ，二度と同じ誤りをくり返さないようにすることです。そのため，「解説・解答」を次のような観点でまとめ，参考書として活用できるようにしました。

問題を解くときに必要な基礎知識や重要事項をまとめてあります。

小宮山先生からの一言アドバイス（ミスしやすいところ，計算のコツ，マル秘テクニック，試験対策のヒントなど）

問題を解くときのポイントとなるところ

参考になることがらや発展的，補足的なことがらなど

問題解法の原則や，問題を解くうえで，知っておくと役に立つことがらなど

（難易度）　📖📖📖：易　📖📖📖：中程度　📖📖📖：難

第1回 1次 計算技能

1 次の問いに答えなさい。

□ (1)　次の式を展開して計算しなさい。

$$(x-y)(x-2y)-(x-3y)^2$$

《多項式の計算》

$(x-y)(x-2y)-(x-3y)^2$
$=x^2-2xy-xy+2y^2$
$\quad -\{x^2-2\times x\times \boxed{3y}+(3y)^2\}$
$=x^2-3xy+2y^2-x^2+6xy-9y^2$
$=\boxed{3xy-7y^2}$ ……答

乗法公式と分配法則を用います。
かっこをはずします。
同類項をまとめます。

乗法公式

$$(a+b)^2=a^2+2ab+b^2$$
$$(a-b)^2=a^2-2ab+b^2$$
$$(a+b)(a-b)=a^2-b^2$$

□ (2)　次の式を因数分解しなさい。

$$5x^2-50x+125$$

《因数分解》

$5x^2-50x+125$
$=5(x^2-10x+25)$
$=5(x^2-2\times x\times 5+5^2)$
$=\boxed{5(x-5)^2}$ ……答

共通因数5でくくります。
$a^2-2ab+b^2=(a-b)^2$ より

因数分解の公式

$$ma + mb = m(a + b)$$
$$a^2 + 2ab + b^2 = (a + b)^2$$
$$a^2 - 2ab + b^2 = (a - b)^2$$
$$a^2 - b^2 = (a + b)(a - b)$$
$$x^2 + (a + b)x + ab = (x + a)(x + b)$$

□ (3) **次の方程式を解きなさい。**

$$x^2 - 5x - 24 = 0$$

《2次方程式》 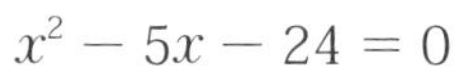

$x^2 - 5x - 24 = 0$

左辺を因数分解すると,

$(x + \boxed{3})(x - \boxed{8}) = 0$

$\boxed{x + 3} = 0$ または $\boxed{x - 8} = 0$

$x = \boxed{-3}, \boxed{8}$

 $\boxed{x = -3,\ 8}$

積が-24になる2つの数の組の中から,和が-5になる数を見つけます。

2次方程式の解の表し方は,$x = -3$, $x = 8$のように示すか,省略して上記のように$x = -3$, 8のように示します。

2次方程式の因数分解による解き方

(2次式)$= 0$の形の2次方程式で,左辺が因数分解できるときは,

$$AB = 0 \quad ならば \quad A = 0 \text{ または } B = 0$$

として解くことができます。

例 $x^2 - x - 12 = 0 \rightarrow (x + 3)(x - 4) = 0$

$\rightarrow x + 3 = 0$ または $x - 4 = 0 \rightarrow x = -3, 4$

問題◀p.18

□ (4)　次の計算をしなさい。

$$(2\sqrt{3}-\sqrt{2})(\sqrt{3}+5\sqrt{2})-\sqrt{54}$$

《平方根の計算》

$(2\sqrt{3}-\sqrt{2})(\sqrt{3}+5\sqrt{2})-\sqrt{54}$　↘分配法則を用います。

$=2(\sqrt{3})^2+2\sqrt{3}\times5\sqrt{2}-\sqrt{2}\times\sqrt{3}-5(\sqrt{2})^2-\sqrt{\boxed{3^2}\times6}$

$=6+\boxed{9\sqrt{6}}-10-\boxed{3\sqrt{6}}$　↙ $m>0$ のとき $\sqrt{m^2a}=m\sqrt{a}$

$=\boxed{6\sqrt{6}-4}$ ……答

平方根の計算

$a>0$，$b>0$，$m>0$ のとき，

$$\ell\sqrt{a}+m\sqrt{a}=(\ell+m)\sqrt{a}$$

$$\ell\sqrt{a}-m\sqrt{a}=(\ell-m)\sqrt{a}$$

$$\sqrt{a}\times\sqrt{b}=\sqrt{ab}$$

$$\sqrt{m^2a}=m\sqrt{a}$$

□ (5)　関数 $y=-2x^2$ において，x の変域 $-3\leqq x\leqq2$ のとき，y の変域を求めなさい。

《2 次関数》 

関数 $y=-2x^2$ のグラフから，

$x=\boxed{-3}$ のとき，y の値は最小値 $\boxed{-18}$ をとり，

$x=\boxed{0}$ のとき，y の値は最大値 $\boxed{0}$ をとるから，

y の変域は，$\boxed{-18}\leqq y\leqq\boxed{0}$

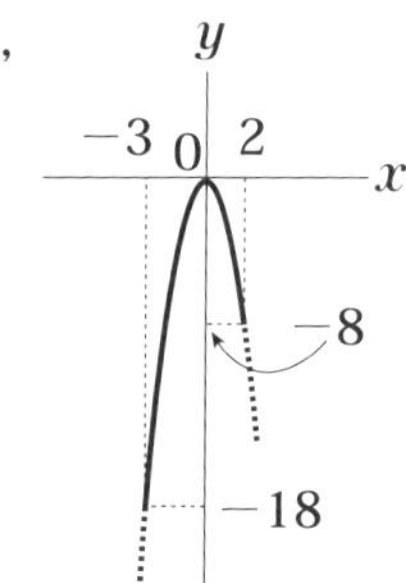

 $\boxed{-18\leqq y\leqq0}$

2 次の問いに答えなさい。

□（6） 対角線の長さが$6\sqrt{3}$ cmの立方体の1辺の長さを求めなさい。

《三平方の定理》

右の図の立方体の1辺の長さを a cmとします。

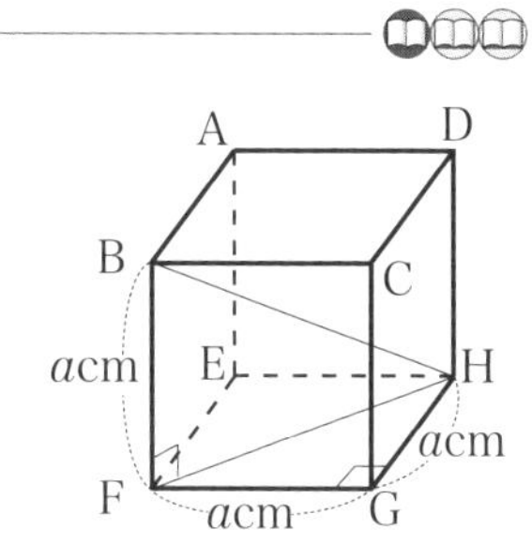

△FGHは直角二等辺三角形ですから，

$$FG : FH = 1 : \boxed{\sqrt{2}}$$

$$a : FH = 1 : \boxed{\sqrt{2}}$$

$$FH = \boxed{\sqrt{2}\,a}$$

△BFHにおいて，三平方の定理を用いると，

$$BH^2 = BF^2 + FH^2$$

$$= a^2 + (\boxed{\sqrt{2}\,a})^2$$

$$= \boxed{3a^2}$$

BH > 0 ですから，

$$BH = \boxed{\sqrt{3a^2}} = \boxed{\sqrt{3}\,a}$$

したがって，

$$\boxed{\sqrt{3}\,a} = 6\sqrt{3}$$

$$a = \boxed{6}\ (\text{cm})$$

答 6cm

立方体の1辺の長さを a cmとすると，

$$BH^2 = a^2 + a^2 + a^2 = 3a^2$$

BH > 0 ですから，

$$BH = \boxed{\sqrt{3a^2}} = \boxed{\sqrt{3}\,a}$$

したがって， $\boxed{\sqrt{3}\,a} = 6\sqrt{3}$

$$a = \boxed{6}\ (\text{cm})$$

答 6cm

問題 p.18 ～ p.19

直方体の対角線の長さ

縦 a，横 b，高さ c の直方体の対角線の長さ d と辺の長さの関係は，

$$a^2 + b^2 + c^2 = d^2$$

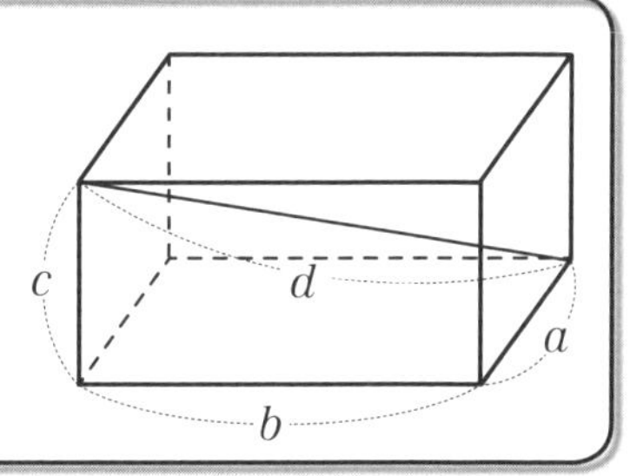

□(7)　右の図において，$\ell \mathbin{/\!/} m$ のとき，x の値を求めなさい。

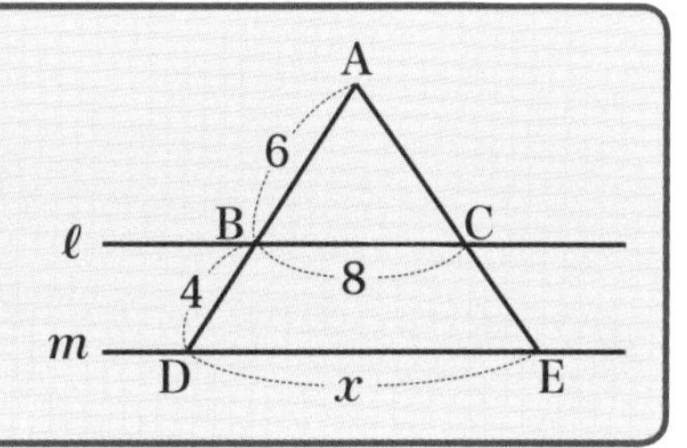

《平行線と比》

$\ell \mathbin{/\!/} m$ より，△ADE において，BC // DE ですから，

$$\mathrm{AB} : \mathrm{AD} = \mathrm{BC} : \mathrm{DE}$$

$$6 : (6 + 4) = \boxed{8 : x}$$

$$6x = \boxed{80}$$

$$x = \boxed{\frac{40}{3}}$$

　$\boxed{x = \frac{40}{3}}$

三角形と比

△ABC の辺 AB，AC 上にそれぞれ点 D，E をとるとき，次のことが成り立つ。

① DE // BC のとき，

AD：AB ＝ AE：AC

＝ DE：BC

② DE // BC のとき，

AD：DB ＝ AE：EC

□ (8) 次の式を展開して計算しなさい。

$$(x+2y-1)(x-2y+1)$$

《多項式の計算》

$(x+2y-1)(x-2y+1)$

$=\{x+(\boxed{2y-1})\}\{x-(\boxed{2y-1})\}$

$=x^2-(\boxed{2y-1})^2$

$=x^2-\{(\boxed{2y})^2-2\times\boxed{2y}\times1+1^2\}$

$=\boxed{x^2-4y^2+4y-1}$ ……答

乗法の公式
$(a+b)(a-b)=a^2-b^2$

乗法の公式
$(a-b)^2=a^2-2ab+b^2$

$(x+2y-1)(x-2y+1)$

分配法則を用います。

$=x^2-2xy+x+\boxed{2xy}-\boxed{4y^2}+\boxed{2y}-\boxed{x}+\boxed{2y}-1$

$=\boxed{x^2-4y^2+4y-1}$ ……答

□ (9) 次の式を因数分解しなさい。

$$8x^3-9(4x^2-6x+3)$$

《因数分解》

$8x^3-9(4x^2-6x+3)$

$=8x^3-\boxed{36x^2}+\boxed{54x}-27$

$=(\boxed{2x})^3-3\times(\boxed{2x})^2\times3+3\times\boxed{2x}\times3^2-\boxed{3}^3$

$=\boxed{(2x-3)^3}$ ……答

因数分解の公式
$a^3-3a^2b+3ab^2-b^3=(a-b)^3$
を用います。

因数分解の公式

$$a^3+b^3=(a+b)(a^2-ab+b^2)$$
$$a^3-b^3=(a-b)(a^2+ab+b^2)$$
$$a^3+3a^2b+3ab^2+b^3=(a+b)^3$$
$$a^3-3a^2b+3ab^2-b^3=(a-b)^3$$
$$acx^2+(ad+bc)x+bd=(ax+b)(cx+d)$$

問題 p.19

□ (10) 右の図の△ ABC について，辺 AC の長さを求めなさい。

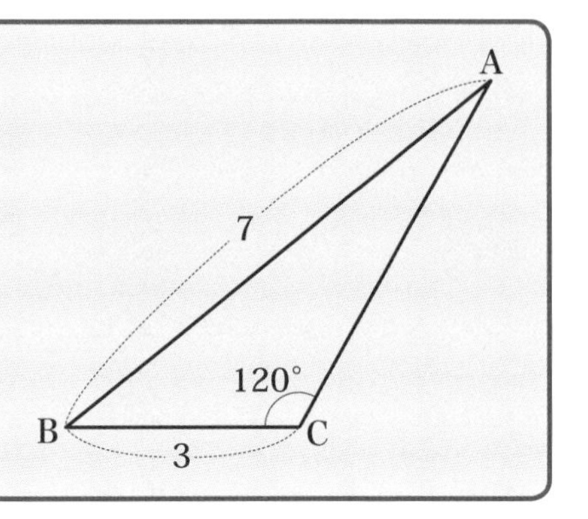

《三角比》

AC $= x$ とおきます。

△ ABC において，余弦定理を用いると，

$$AB^2 = BC^2 + CA^2 - 2 \times BC \times CA \times \cos 120^\circ$$

より，

$$7^2 = 3^2 + \boxed{x^2} - 2 \times \boxed{3} \times \boxed{x} \times \left(\boxed{-\frac{1}{2}}\right)$$

$$49 = 9 + \boxed{x^2} + \boxed{3x}$$

$$\boxed{x^2} + \boxed{3x} - 40 = 0$$

$$(x + \boxed{8})(x - \boxed{5}) = 0$$

$x > 0$ ですから，　　$x = \boxed{5}$

三角形の２辺の長さと１つの角の大きさが与えられた場合は，余弦定理を用いて残りの辺の長さを求めることができます。

余弦定理

△ ABC において，次の式が成り立つ。

$$\boldsymbol{a}^2 = \boldsymbol{b}^2 + \boldsymbol{c}^2 - 2bc\cos A$$

$$\boldsymbol{b}^2 = \boldsymbol{c}^2 + \boldsymbol{a}^2 - 2ca\cos B$$

$$\boldsymbol{c}^2 = \boldsymbol{a}^2 + \boldsymbol{b}^2 - 2ab\cos C$$

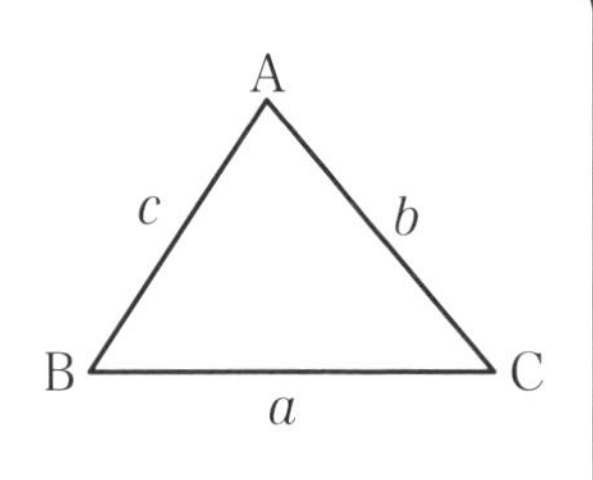

3 次の問いに答えなさい。

□ (11) **2次関数 $y=-x^2-6x-2$ の最大値を求めなさい。**

《2次関数》

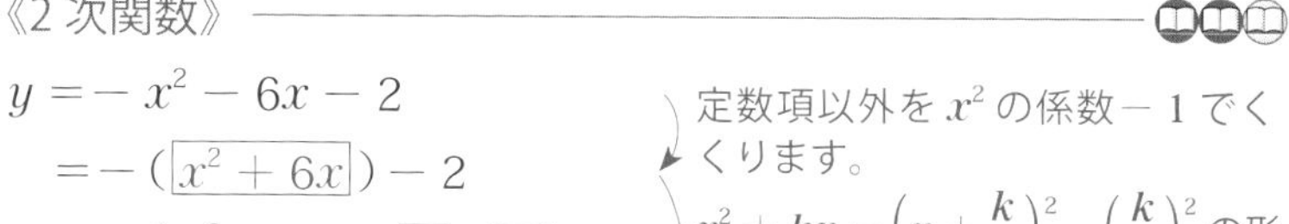

$y=-x^2-6x-2$

$=-(\boxed{x^2+6x})-2$ ← 定数項以外を x^2 の係数 -1 でくくります。

$=-(x^2+6x+\boxed{9}-\boxed{9})-2$ ← $x^2+kx=\left(x+\frac{k}{2}\right)^2-\left(\frac{k}{2}\right)^2$ の形に変形

$=-\{(x+\boxed{3})^2-\boxed{9}\}-2$ ← { }をはずして，$a(x-p)^2+q$ の形に

$=-(x+\boxed{3})^2+\boxed{7}$

したがって，頂点の座標は，$(\boxed{-3},\ \boxed{7})$

この2次関数のグラフは，上に凸の放物線ですから，頂点で y は最大となります。したがって，最大値は $\boxed{7}$

答 $\boxed{7}$

2次関数のグラフ

一般形 $y=ax^2+bx+c$

平方完成↓

標準形 $y=a(x-p)^2+q$

軸は 直線 $x=p$ 頂点は 点 $(p,\ q)$

□ (12) **2次不等式 $4x^2+8x-5\geqq 0$ を解きなさい。**

《2次不等式》

2次方程式 $4x^2+8x-5=0$ を解くと，

$(\boxed{2x+5})(2x-1)=0$

$x=\boxed{-\frac{5}{2}},\ \boxed{\frac{1}{2}}$

したがって，不等式の解は，

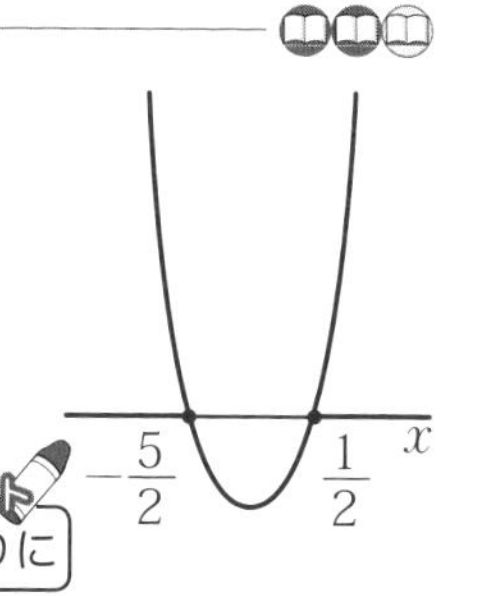

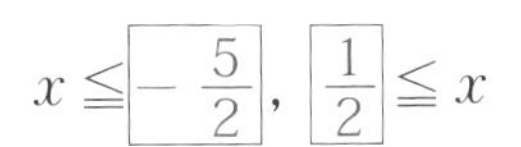

$$x \leqq \boxed{-\frac{5}{2}},\ \boxed{\frac{1}{2}} \leqq x$$

 $\boxed{x \leqq -\frac{5}{2},\ \frac{1}{2} \leqq x}$

2次不等式を解くときは，まず左辺＝0として2次方程式の解を求めましょう。

ワンポイント・アドバイス

$4x^2 + 8x - 5 = 0$ の因数分解

公式 $acx^2 + (ad + bc)x + bd = (ax + b)(cx + d)$ において，$ac = 4$，$ad + bc = 8$，$bd = -5$ となる a，b，c，d を，次のようにして見つけます。

$$\begin{array}{ccccc} 2 & \diagdown\!\!\!\!\diagup & 5 & \longrightarrow & 10 \\ 2 & & -1 & \longrightarrow & -2 \\ \hline 4 & & -5 & \longrightarrow & 8 \end{array}$$

2次不等式

$a > 0$ で，2次方程式 $ax^2 + bx + c = 0$ が異なる2つの実数解 $x = \alpha$，β（$\alpha < \beta$）をもつとき，

$\boldsymbol{ax^2 + bx + c > 0}$ の解は，$x < \alpha$，$\beta < x$

$\boldsymbol{ax^2 + bx + c \geqq 0}$ の解は，$x \leqq \alpha$，$\beta \leqq x$

$\boldsymbol{ax^2 + bx + c < 0}$ の解は，$\alpha < x < \beta$

$\boldsymbol{ax^2 + bx + c \leqq 0}$ の解は，$\alpha \leqq x \leqq \beta$

□ (13) 3個のさいころを同時に投げるとき，出る目の数の積が偶数となる確率を求めなさい。

《確率》 

3個のさいころの目の数の積が偶数となるのは，3個のうち少なくとも1個が偶数の場合です。「少なくとも1個が偶数の目が出る」ことの余事象は「すべて奇数の目が出る」場合です。

1 個のさいころで，奇数の目（1，3，5）が出る確率は

$$\boxed{\frac{3}{6}}=\boxed{\frac{1}{2}}$$

ですから，3 個のすべてが奇数になる確率は，

$$\boxed{\frac{1}{2}}\times\boxed{\frac{1}{2}}\times\boxed{\frac{1}{2}}=\boxed{\frac{1}{8}}$$

となります。

したがって，求める確率は，

$$\boxed{1}-\boxed{\frac{1}{8}}=\boxed{\frac{7}{8}}$$

 $\boxed{\frac{7}{8}}$

余事象の確率

$$P(\overline{A})=1-P(A)$$

（$\overline{A}$ は A の起こらない事象で，A の余事象といいます。）

独立な試行の確率

独立な試行において，事象 A と事象 B が同時に起こる確率 $P(C)$ は，

$$P(C)=P(A)\,P(B)$$

□ **(14)　$0°<\theta<90°$ とします。$\tan\theta=\frac{2}{3}$ のとき，次の問いに答えなさい。**

①　$\cos\theta$ の値を求めなさい。

②　$\sin\theta$ の値を求めなさい。

《三角比》

①　三角比の相互関係 $1+\tan^2\theta=\frac{1}{\cos^2\theta}$ より，

$$1+\left(\boxed{\frac{2}{3}}\right)^2=\frac{1}{\cos^2\theta}$$

$$\boxed{\frac{13}{9}}=\frac{1}{\cos^2\theta}\qquad \cos^2\theta=\boxed{\frac{9}{13}}$$

$0° < \theta < 90°$より，$\cos\theta > 0$ですから，

$$\cos\theta = \sqrt{\boxed{\frac{9}{13}}} = \boxed{\frac{3\sqrt{13}}{13}} \quad \cdots\cdots 答$$

② 三角比の相互関係 $\tan\theta = \dfrac{\sin\theta}{\cos\theta}$ より，

$$\sin\theta = \tan\theta \times \cos\theta$$
$$= \boxed{\frac{2}{3}} \times \boxed{\frac{3\sqrt{13}}{13}} = \boxed{\frac{2\sqrt{13}}{13}} \quad \cdots\cdots 答$$

三角比の相互関係

$$\tan\theta = \frac{\sin\theta}{\cos\theta}$$

$$\sin^2\theta + \cos^2\theta = 1$$

$$1 + \tan^2\theta = \frac{1}{\cos^2\theta}$$

3つの式をセットにしておぼえておきましょう。

参考

鋭角の三角比

$\sin\theta = \dfrac{a}{c}$，$\cos\theta = \dfrac{b}{c}$，$\tan\theta = \dfrac{a}{b}$より，

$\tan\theta = \dfrac{2}{3}$なので，$\cos\theta = \dfrac{3}{\sqrt{2^2+3^2}} = \dfrac{3\sqrt{13}}{13}$，

$\sin\theta = \dfrac{2}{\sqrt{2^2+3^2}} = \dfrac{2\sqrt{13}}{13}$とわかります。

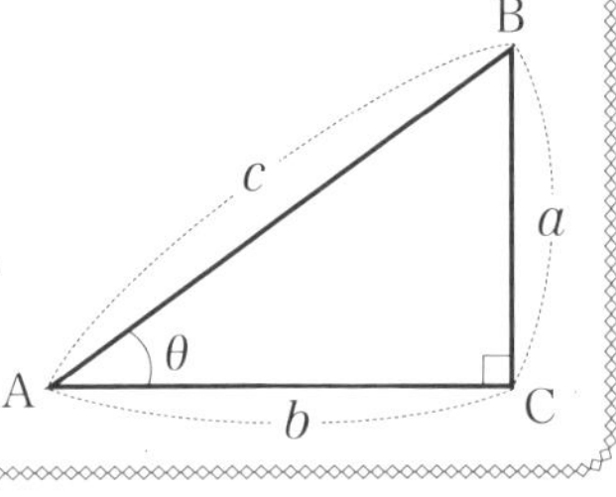

□ **(15) 集合 $A = \{1, 2, 3, 5, 6, 7, 8\}$ と集合 $B = \{2, 4, 6, 8\}$ について，次の問いに答えなさい。**

① 集合 $A \cap B$ を，要素を書き並べる方法で表しなさい。

② 集合 $A \cup B$ の要素の個数を求めなさい。

《集合》

① 集合 $A \cap B$ は，A と B の共通部分ですから，A と B のどちらにも属する要素全体の集合です。したがって，

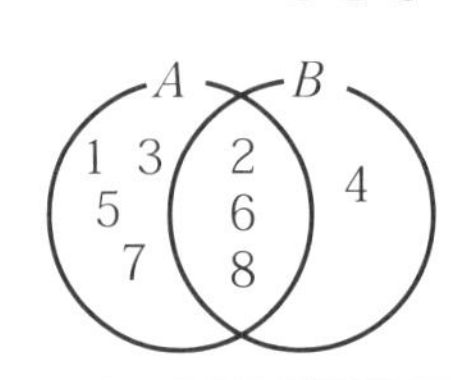

$A \cap B = \{\boxed{2,\ 6,\ 8}\}$

答 $\boxed{\{2,\ 6,\ 8\}}$

② 集合 $A \cup B$ は，A と B の和集合ですから，A と B の少なくとも一方に属する要素全体の集合です。したがって，

$A \cup B = \{\boxed{1,\ 2,\ 3,\ 4,\ 5,\ 6,\ 7,\ 8}\}$

したがって，要素の個数は $\boxed{8}$ です。 答 $\boxed{8}$

集合

範囲をはっきりさせたものの集まりを**集合**といいます。

空集合

要素を 1 つももたない集合を**空集合**といい，ϕ で表します。

和集合

集合 A と B の少なくとも一方に属する要素全体の集合を，A と B の**和集合**といい，$A \cup B$ と表します。

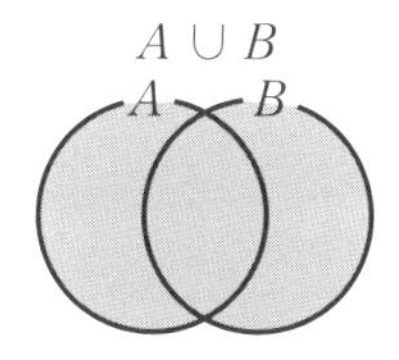

共通部分

集合 A と B のどちらにも属する要素全体の集合を，A と B の**共通部分**といい，$A \cap B$ と表します。

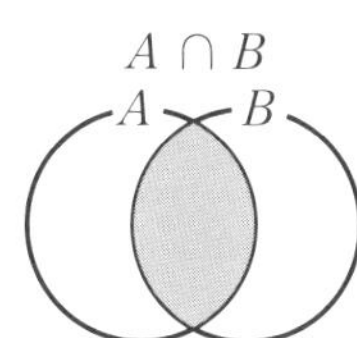

全体集合と補集合

集合を考えるとき，すべての要素をふくむ集合を U として考えます。この集合 U を**全体集合**といいます。

また，全体集合 U の部分集合 A に属さない U の要素全体の集合を A の**補集合**といい，$\overline{A}$ と書きます。

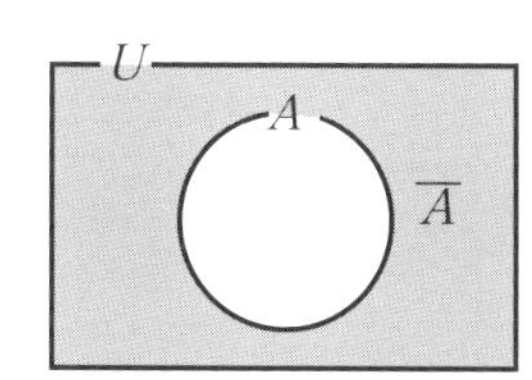

第1回 2次 数理技能

1 1個50円の値段で売ると1日200個売れる商品があります。この商品は値段を1円下げるごとに1日の売り上げ個数が6個ずつ増えます。このとき，次の問いに答えなさい。ただし，消費税は考えないものとします。

□（1） この商品の値段をx円値下げするとき，この商品の1日の売り上げ金額を求めなさい。この問題は答えだけを書いてください。（表現技能）

《2次方程式の利用》

x円値下げすると，1個の値段は（$\boxed{50-x}$）円となります。

また，1円値下げするごとに売り上げ個数が6個ずつ増えるから，1日の売り上げ個数は（$\boxed{200+6x}$）個になります。

したがって，1日の売り上げ金額は，$\boxed{(50-x)(200+6x)}$円です。

答 $\boxed{(50-x)(200+6x)\text{円}}$

□（2） この商品の1日の売り上げ金額を10,304円にするには，1個の値段を何円にすればよいですか。

《2次方程式の利用》

（1）から，　$(50-x)(200+6x)=\boxed{10304}$

この2次方程式を解くと，

$$10000+100x-6x^2=\boxed{10304}$$

$$6x^2-100x+304=0$$

$$3x^2-50x+152=0$$

$$(\boxed{x-4})(3x-38)=0$$

1	-4	$\to -12$
3	-38	$\to -38$
3	152	$\to -50$

よって，　$x=\boxed{4},\ \dfrac{38}{3}$

ここで，x は整数ですから，$x=\boxed{4}$
したがって，1 個の値段は，

$$50-\boxed{4}=\boxed{46}\ (\text{円})$$

答 $\boxed{46\text{円}}$

2 次方程式の因数分解による解き方

（2 次式）$=0$ の形の 2 次方程式で，左辺が因数分解できるときは，

$AB=0$ ならば $A=0$ または $B=0$

として解くことができます。

2 次の問いに答えなさい。

□ (3) n を 2 以上の正の整数とするとき，n^4+4 は素数でないことを証明しなさい。（証明技能）

《整数の性質》

$$\begin{aligned}&n^4+4\\&=n^4+4n^2+4-\boxed{4n^2}\\&=(\boxed{n^2+2})^2-(\boxed{2n})^2\\&=(n^2+2+2n)(\boxed{n^2+2-2n})\\&=(n^2+2n+2)(\boxed{n^2-2n+2})\end{aligned}$$

$+4n^2-4n^2$ によって，(2 乗)−(2 乗) の形をつくります。

因数分解して，2 以上の 2 つの整数の積であることを示します。

ここで，

$$n^2+2n+2=(\boxed{n+1})^2+1$$
$$\boxed{n^2-2n+2}=(\boxed{n-1})^2+1$$

であるから，$n\geqq 2$ のとき，

$$n^2+2n+2\geqq\boxed{10}$$
$$n^2-2n+2\geqq\boxed{2}$$

したがって，n^4+4 は，2 以上の 2 つの整数の積で表されるから，素数ではない。

ポイント

素数

1より大きい整数で，1とその数自身以外に約数を持たない整数を**素数**といいます。1は素数にふくまれません。

3 次の問いに答えなさい。

□ (4)　$3^3 = 14^2 - 13^2$ のように，3^3 は2つの正の整数の平方の差の形で表すことができます。$11^3 = p^2 - q^2$ となるような正の整数 p，q の組 (p, q) をすべて求めなさい。この問題は答えだけを書いてください。

《整数の性質》

$$11^3 = p^2 - q^2 = (p+q)(p-q)$$

11^3 は，2つの正の整数の積として，$\boxed{11^3 \times 1}$，$\boxed{11^2 \times 11}$ の2通りの表し方ができます。

① $\boxed{11^3 \times 1} = (p+q)(p-q)$ のとき，

$p+q > p-q$ より，

$$\begin{cases} p+q = \boxed{11^3} \\ p-q = \boxed{1} \end{cases}$$

p，q についての連立方程式を解くと，

$$p = \frac{11^3+1}{2} = \frac{1331+1}{2} = \boxed{666}$$

$$q = \frac{11^3-1}{2} = \frac{1331-1}{2} = \boxed{665}$$

したがって，$(p, q) = (\boxed{666}, \boxed{665})$

② $\boxed{11^2 \times 11} = (p+q)(p-q)$ のとき，

$p+q > p-q$ より，

$$\begin{cases} p+q = \boxed{11^2} \\ p-q = \boxed{11} \end{cases}$$

$p^2 - q^2$ を $(p+q)(p-q)$ に変形して，p，q がどんな正の整数かを調べます。

p, q についての連立方程式を解くと,

$$p = \frac{11^2 + 11}{2} = \frac{121 + 11}{2} = \boxed{66}$$

$$q = \frac{11^2 - 11}{2} = \frac{121 - 11}{2} = \boxed{55}$$

したがって, $(p,\ q) = (\boxed{66},\ \boxed{55})$

答 $\boxed{(666,\ 665),\ (66,\ 55)}$

ワンポイント・アドバイス

n が素数の場合に, n^3 を2つの整数の積で表すには, $n^3 \times 1$, $n^2 \times n$ の2通りしかないことに着目しましょう。

4 2次関数 $y = -x^2 + 4x + 2k - 3$ について, 次の問いに答えなさい。

□(5) 上の2次関数のグラフの頂点の座標を求めなさい。この問題は答えだけを書いてください。

《2次関数》

$$\begin{aligned} y &= -x^2 + 4x + 2k - 3 \\ &= -(x^2 - 4x) + 2k - 3 \\ &= -\{(x-2)^2 - 2^2\} + 2k - 3 \\ &= -(x-2)^2 + 4 + 2k - 3 \\ &= -(x-2)^2 + 2k + 1 \end{aligned}$$

定数項以外を x^2 の係数 -1 でくくります。

$x^2 + ax = \left(x + \frac{a}{2}\right)^2 - \left(\frac{a}{2}\right)^2$ の形に変形

{ } をはずして, $a(x+p)^2 - q$ の形に

したがって, 頂点の座標は, $(\boxed{2},\ \boxed{2k+1})$

答 $\boxed{(2,\ 2k+1)}$

ワンポイント・アドバイス

頂点の座標は, 一般に解説のような「平方完成」により求めます。

2次関数 $y = ax^2 + bx + c$ は, $y = a(x-p)^2 + q$ の形に表すことができ, このとき頂点の座標は (p, q) です。

□ (6)　上の2次関数の y の値が，$1 \leqq x \leqq 4$ の範囲で常に正となるように，k の値の範囲を定めなさい。

《2次関数》

y の値が，$1 \leqq x \leqq 4$ の範囲で常に正となるには，そのときの y の値の最小値が正となればよい。

(5) から，$y = -x^2 + 4x + 2k - 3$ のグラフの軸は，$x = \boxed{2}$

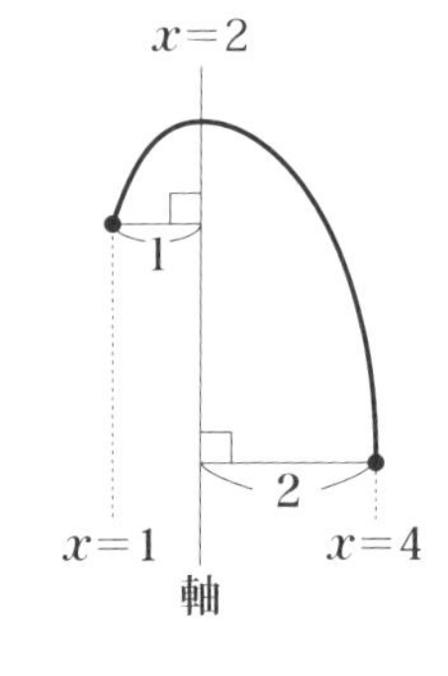

図のように軸が範囲の中央より左側にあるので，$1 \leqq x \leqq 4$ の範囲では，

$x = 4$ のとき最小になります。

最小値は，

$y = -(\boxed{4} - 2)^2 + 2k + 1$

$= \boxed{-4 + 2k + 1} = \boxed{2k - 3}$

ですから，$\boxed{2k - 3} > 0$

よって，$k > \boxed{\dfrac{3}{2}}$

$\boxed{k > \dfrac{3}{2}}$

2次関数の最大と最小

2次関数 $y = ax^2 + bx + c$ は，$y = a(x - p)^2 + q$ の形に表すことができ，最大値，最小値について次のことがいえます。

$a > 0$ のとき，$x = p$ で**最小値** q をとり，最大値はない。

$a < 0$ のとき，$x = p$ で**最大値** q をとり，最小値はない。

△ABCにおいて，∠A = 120°，AB = 6，CA = 8のとき，次の問いに答えなさい。

□ (7) ∠Aの二等分線が辺BCと交わる点をDとするとき，線分ADの長さを求めなさい。（測定技能）

《三角比》 

AD = x とおくと，

△ABC = △ABD + △ADC より，

$$\frac{1}{2}\times\boxed{8}\times\boxed{6}\times\sin 120^\circ$$

$$=\frac{1}{2}\times\boxed{6\times x\times\sin 60^\circ}$$

$$+\frac{1}{2}\times\boxed{x\times 8\times\sin 60^\circ}$$

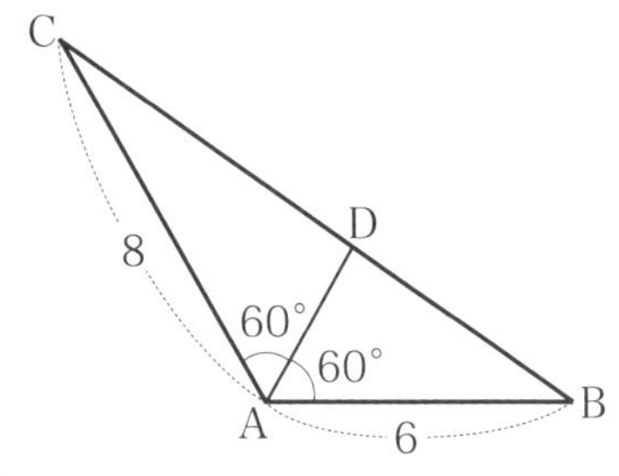

$$\boxed{12\sqrt{3}}=\boxed{\frac{3\sqrt{3}}{2}}x+2\sqrt{3}\,x$$

$$\boxed{12\sqrt{3}}=\boxed{\frac{7\sqrt{3}}{2}}x$$

$$x=12\sqrt{3}\times\frac{2}{7\sqrt{3}}=\boxed{\frac{24}{7}}$$

$\frac{24}{7}$

三角形の面積

△ABCの面積をSとすると，

$$S=\frac{1}{2}bc\sin A=\frac{1}{2}ca\sin B$$

$$=\frac{1}{2}ab\sin C$$

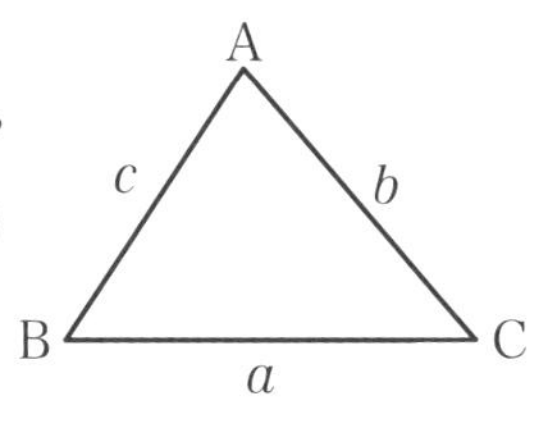

6 1, 2, 3, 4, 5, 6, 7, 8の8枚のカードがあります。この8枚のカードを袋に入れ，中を見ないで2枚のカードを同時に取り出すとき，次の問いに答えなさい。

□ **(8) カードに書かれた2つの数の積が偶数である確率を求めなさい。**

《確率》

8枚のカードから2枚を取り出す場合の数は，

$$ {}_8C_2 = \frac{8 \times 7}{2 \times 1} = 28 \text{（通り）} $$

2つの数の積が偶数になるのは，2つの数のうち少なくとも1つが偶数の場合です。（偶数×偶数＝偶数，奇数×偶数＝偶数）

事象「少なくとも1つが偶数」の余事象は「すべてが奇数」です。

奇数のカード1，3，5，7から2枚を取り出す場合の数は，

$$ {}_4C_2 = \frac{4 \times 3}{2 \times 1} = 6 \text{（通り）} $$

したがって，すべてが奇数である確率は，$\frac{6}{28} = \frac{3}{14}$

よって，2つの数の積が偶数である確率は，

$$ 1 - \frac{3}{14} = \frac{11}{14} $$

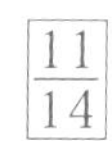

□ **(9) カードに書かれた2つの数の積が4の倍数である確率を求めなさい。**

《確率》

2つの数の積が4の倍数となるのは，次の①，②のどちらかの場合です。

① 偶数が2つ

② 4の倍数が1つ，奇数が1つ

①のとき

偶数のカード$\boxed{2}$，$\boxed{4}$，$\boxed{6}$，$\boxed{8}$から 2 枚を取り出す場合の数を求めると，

$$_4C_2 = \frac{\boxed{4 \times 3}}{2 \times 1} = \boxed{6}\ (通り)$$

②のとき

4 の倍数のカード$\boxed{4}$，$\boxed{8}$から 1 枚，奇数のカード$\boxed{1}$，$\boxed{3}$，$\boxed{5}$，$\boxed{7}$から 1 枚を取り出す場合の数を求めると，　ポイント 積の法則

$$_2C_1 \times \boxed{_4C_1} = 2 \times \boxed{4} = \boxed{8}\ (通り)$$

①，②から，2 つの数の積が 4 の倍数である確率は，

$$\frac{\boxed{6+8}}{28} = \frac{\boxed{14}}{28} = \boxed{\frac{1}{2}}$$

$\boxed{\frac{1}{2}}$

7　**次の問いに答えなさい。**

□ **(10)　2 乗したら，下 2 けたの数が 89 になる 2 けたの自然数は何個ありますか。この問題は答えだけを書いてください。**

《整数の問題》

十の位の数を a，一の位の数を b とすると，2 けたの自然数は $10a + b$ と表すことができます。

この 2 けたの自然数を 2 乗すると，

$$(10a + b)^2 = 100a^2 + 20ab + \boxed{b^2}$$
$$= 10(10a^2 + 2ab) + \boxed{b^2}$$

となるから，一の位の数は $\boxed{b^2}$ で決定されます。

ここで，一の位の数が 9 になるのは，$b = \boxed{3}$，または $b = \boxed{7}$ のときです。

①　$b = 3$ のとき

$$(10a + 3)^2 = 100a^2 + \boxed{60a} + 9$$

したがって，十の位の数は $\boxed{60a}$ で決定されます。

問題 ◀◀ p.23 ～ p.24

ここで，十の位が 8 となるのは，$a=$ 3，または $a=$ 8 のときです。

よって，この場合の自然数は，33，83

② $b=7$ のとき

$$(10a+7)^2 = 100a^2 + \boxed{140a} + 49$$
$$= 100a^2 + 10(\boxed{14a+4}) + 9$$

したがって，十の位の数は $\boxed{10(14a+4)}$ で決定されます。

ここで，十の位が 8 となるのは，$a=$ 1，または $a=$ 6 のときです。

よって，この場合の自然数は，17，67

①，②から，求める個数は，4 個です。

第2回 1次 計算技能

1 次の問いに答えなさい。

□ (1) 次の式を展開して計算しなさい。

$$(x+2y)(x-4y)-(-x+3y)(-x-3y)$$

《多項式の計算》 

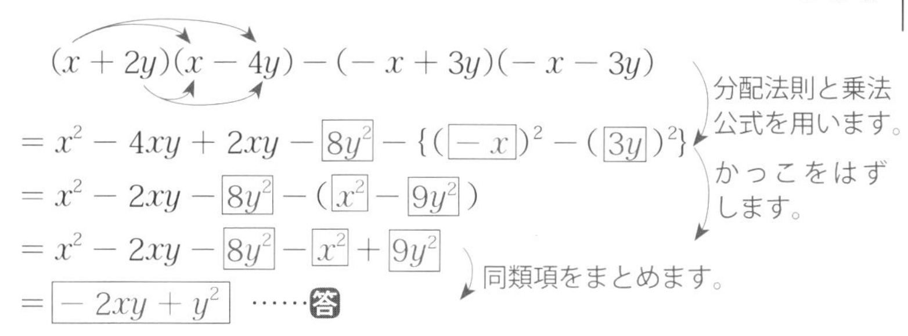

$$(x+2y)(x-4y)-(-x+3y)(-x-3y)$$

$$=x^2-4xy+2xy-\boxed{8y^2}-\{(\boxed{-x})^2-(\boxed{3y})^2\}$$

$$=x^2-2xy-\boxed{8y^2}-(\boxed{x^2}-\boxed{9y^2})$$

$$=x^2-2xy-\boxed{8y^2}-\boxed{x^2}+\boxed{9y^2}$$

$$=\boxed{-2xy+y^2}$$ ……答

分配法則と乗法公式を用います。

かっこをはずします。

同類項をまとめます。

乗法公式

$$(a+b)^2=a^2+2ab+b^2$$

$$(a-b)^2=a^2-2ab+b^2$$

$$(a+b)(a-b)=a^2-b^2$$

□ (2) 次の式を因数分解しなさい。

$$(a-2b)(a+3b)+(2b-a)c$$

《因数分解》 

$$(a-2b)(a+3b)+(2b-a)c$$

$$=(a-2b)(a+3b)-(\boxed{a-2b})c$$

$$=\boxed{(a-2b)(a+3b-c)}$$ ……答

$+(2b-a)\to-(a-2b)$ とします。

共通因数 $a-2b$ でくくります。

因数分解の公式

$$ma + mb = m(a + b)$$
$$a^2 + 2ab + b^2 = (a + b)^2$$
$$a^2 - 2ab + b^2 = (a - b)^2$$
$$a^2 - b^2 = (a + b)(a - b)$$
$$x^2 + (a + b)x + ab = (x + a)(x + b)$$

□ (3)　次の方程式を解きなさい。

$$2x^2 - x - 4 = 0$$

《2 次方程式》

解の公式を用いると,

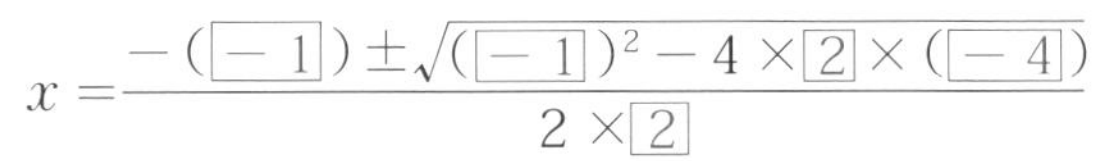

$$x = \frac{-(\boxed{-1}) \pm \sqrt{(\boxed{-1})^2 - 4 \times \boxed{2} \times (\boxed{-4})}}{2 \times \boxed{2}}$$

$$x = \boxed{\frac{1 \pm \sqrt{33}}{4}}$$

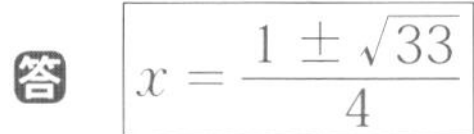

$$x = \frac{1 \pm \sqrt{33}}{4}$$

2 次式＝0 の左辺が因数分解できないときは, $(x + m)^2 = \square$ の形にするか, 解の公式で！

2 次方程式の解の公式による解き方

2 次方程式 $ax^2 + bx + c = 0$ の解は,

$$x = \frac{-b \pm \sqrt{b^2 - 4ac}}{2a}$$

2 次方程式 $ax^2 + 2b'x + c = 0$ の解は,

$$x = \frac{-b' \pm \sqrt{b'^2 - ac}}{a}$$

□ (4)　次の計算をしなさい。

$$-\frac{8}{\sqrt{2}} - (\sqrt{2} - 2)^2$$

《平方根の計算》

$$-\frac{8}{\sqrt{2}}-(\sqrt{2}-2)^2$$

$$=-\frac{8}{\sqrt{2}}-\{(\boxed{\sqrt{2}})^2-2\times\boxed{\sqrt{2}}\times\boxed{2}+\boxed{2^2}\}$$

乗法公式を用います。

$$=-\frac{8\times\boxed{\sqrt{2}}}{\sqrt{2}\times\boxed{\sqrt{2}}}-(2-\boxed{4\sqrt{2}}+4)$$

分母を有理化します。

$$=-\frac{8\boxed{\sqrt{2}}}{2}-2+\boxed{4\sqrt{2}}-4$$

$$=\boxed{-4\sqrt{2}}-2+\boxed{4\sqrt{2}}-4$$

$$=\boxed{-6}$$ ……答

分母の有理化

$a>0$ のとき，

$$\frac{m}{\sqrt{a}}=\frac{m\times\sqrt{a}}{\sqrt{a}\times\sqrt{a}}=\frac{m\sqrt{a}}{a}$$

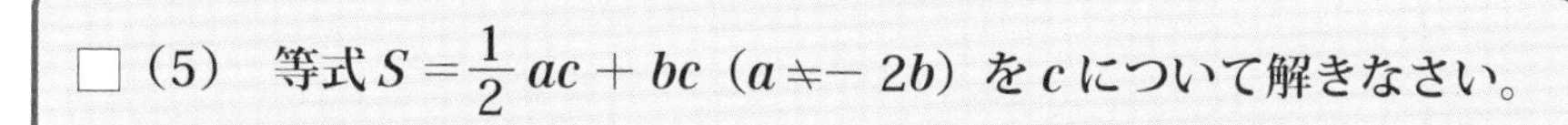

□ (5)　等式 $S=\frac{1}{2}ac+bc$ $(a\neq-2b)$ を c について解きなさい。

《等式の変形》

$$S=\frac{1}{2}ac+bc$$

両辺を 2 倍すると，　$2S=\boxed{ac+2bc}$

右辺を c でくくると，　$2S=(\boxed{a+2b})c$

左辺と右辺を入れかえると，

$$(\boxed{a+2b})c=2S$$

$a\neq-2b$ より，$a+2b\neq0$ ですから，

両辺を $\boxed{a+2b}$ でわると，$\boxed{c=\frac{2S}{a+2b}}$ ……答

問題 p.26

2 次の問いに答えなさい。

□ (6) 表面積が 48cm^2 の立方体の 1 辺の長さを求めなさい。

《空間図形》

立方体の 1 辺の長さを a cm とします。

立方体は，右の図のような各面が正方形の六面体ですから，表面積は，

$$a^2 \times 6 = 6a^2 \text{(cm}^2\text{)}$$

となります。したがって，

$$6a^2 = 48$$

$$a^2 = 8$$

$a > 0$ ですから，

$$a = \sqrt{8} = 2\sqrt{2}$$

答 $2\sqrt{2}$ cm

□ (7) 右の図において，$\ell \parallel m \parallel n$ のとき，x の値を求めなさい。

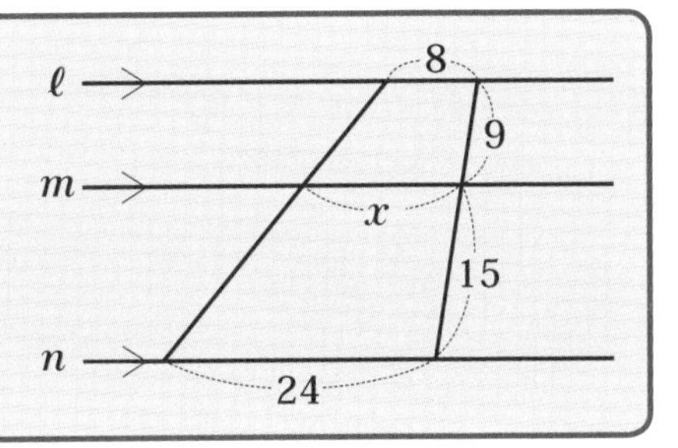

《平行線と比》

右の図で，

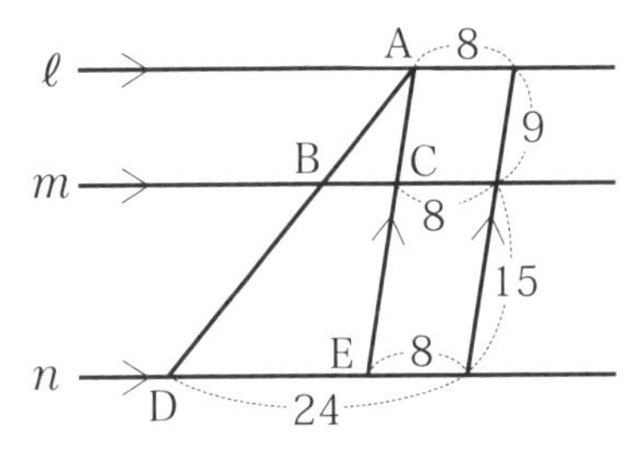

BC：DE ＝ AC：AE より，

$$BC : (24 - 8) = 9 : (9 + 15)$$

$$BC : 16 = 9 : 24$$

$$BC \times 24 = 16 \times 9$$

$$BC = 6$$

したがって，$x = BC + 8$

$$= 6 + 8 = 14$$

答 $x = 14$

三角形と比

△ABCの辺AB，AC上に，それぞれ点D，Eをとり，DE∥BCのとき，次のことが成り立ちます。

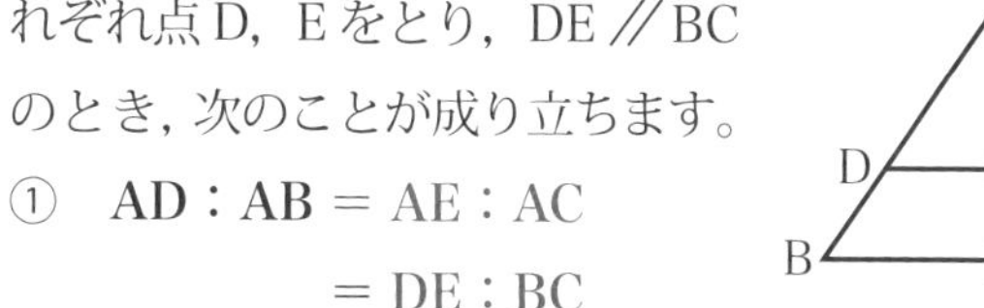

① **AD：AB** ＝ AE：AC
＝ DE：BC

② **AD：DB** ＝ AE：EC

平行線と線分の比

右の図のように，3つ以上の平行線に2直線が交わるとき，

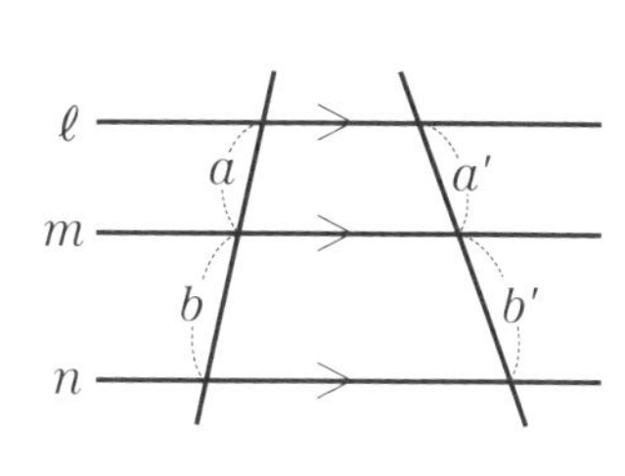

$$\boldsymbol{a : b} = a' : b'$$

□ **(8) 次の式を展開して計算しなさい。**

$$(x^2 - x - 3)^2$$

《多項式の計算》

$(x^2 - x - 3)^2$

$= (\boxed{x^2})^2 + (\boxed{-x})^2 + (-3)^2 + 2 \times x^2 \times (-x)$ ← 乗法公式を用います。

$\quad + 2 \times (-x) \times (-3) + 2 \times (-3) \times x^2$

$= \boxed{x^4} + \boxed{x^2} + 9 - 2x^3 + 6x - 6x^2$

$= \boxed{x^4} - 2x^3 + (1 - 6)x^2 + 6x + 9$ ← 同類項をまとめます。

$= \boxed{x^4 - 2x^3 - 5x^2 + 6x + 9}$ ……答

$(x^2 - x - 3)^2$ ← $x^2 - x$ を A とおきます。

$= \boxed{(A - 3)^2}$

$= \boxed{A^2 - 6A} + 9$

$= (\boxed{x^2 - x})^2 - 6(\boxed{x^2 - x}) + 9$ ← A を $x^2 - x$ にもどします。

$= (\boxed{x^2})^2 - 2 \times \boxed{x^2} \times x + \boxed{x^2} - \boxed{6x^2} + 6x + 9$

$= \boxed{x^4} - \boxed{2x^3} + \boxed{x^2} - \boxed{6x^2} + 6x + 9$

$= \boxed{x^4 - 2x^3 - 5x^2 + 6x + 9}$ ……答

同類項をまとめます。

乗法公式にあてはめるとき，まちがえないように。

乗法公式

$(a+b)^3 = a^3 + 3a^2b + 3ab^2 + b^3$

$(a-b)^3 = a^3 - 3a^2b + 3ab^2 - b^3$

$(a+b)(a^2 - ab + b^2) = a^3 + b^3$

$(a-b)(a^2 + ab + b^2) = a^3 - b^3$

$(a+b+c)^2 = a^2 + b^2 + c^2 + 2ab + 2bc + 2ca$

□ (9)　**次の式を因数分解しなさい。**

$2x^4 + 16x$

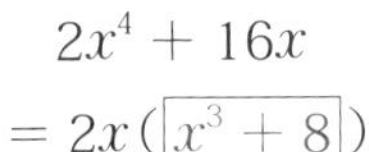

《因数分解》

$2x^4 + 16x$

$= 2x(\boxed{x^3 + 8})$

共通因数 $2x$ でくくります。

$= 2x(x^3 + \boxed{2}^3)$

$= 2x(\boxed{x+2})(\boxed{x^2} - x \times 2 + 2^2)$

$a^3 + b^3 = (a+b)(a^2 - ab + b^2)$ より

$= \boxed{2x(x+2)(x^2 - 2x + 4)}$ ……答

因数分解の公式

$a^3 + b^3 = (a+b)(a^2 - ab + b^2)$

$a^3 - b^3 = (a-b)(a^2 + ab + b^2)$

$a^3 + 3a^2b + 3ab^2 + b^3 = (a+b)^3$

$a^3 - 3a^2b + 3ab^2 - b^3 = (a-b)^3$

$acx^2 + (ad + bc)x + bd = (ax+b)(cx+d)$

□ (10) 次の計算をしなさい。

$$\frac{2}{2-\sqrt{3}}-\sqrt{12}$$

解説・解答 《平方根の計算》

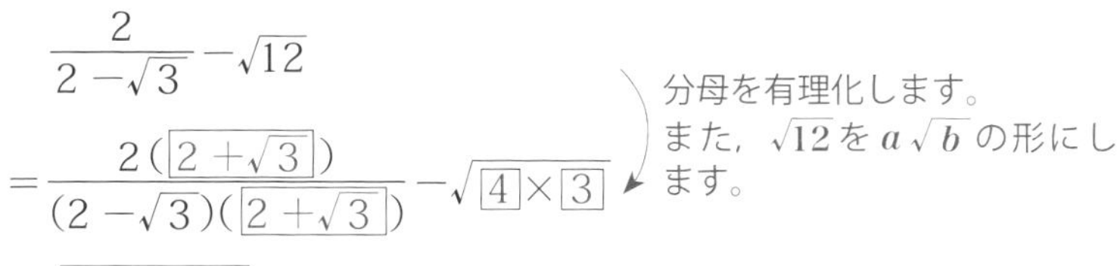

$$\frac{2}{2-\sqrt{3}}-\sqrt{12}$$

$$=\frac{2(\boxed{2+\sqrt{3}})}{(2-\sqrt{3})(\boxed{2+\sqrt{3}})}-\sqrt{\boxed{4}\times\boxed{3}}$$

分母を有理化します。
また，$\sqrt{12}$ を $a\sqrt{b}$ の形にします。

$$=\frac{\boxed{4+2\sqrt{3}}}{2^2-(\boxed{\sqrt{3}})^2}-\sqrt{\boxed{2}^2\times\boxed{3}}$$

$$=\frac{\boxed{4+2\sqrt{3}}}{4-\boxed{3}}-\boxed{2\sqrt{3}}$$

$$=\boxed{4}+\boxed{2\sqrt{3}}-\boxed{2\sqrt{3}}=\boxed{4}$$ ……答

分母に根号がふくまれるときは，まず有理化！

分母の有理化

分母を根号をふくまない形になおすことを，分母を有理化するといいます。

$a>0$，$b>0$ のとき，

$$\frac{m}{\sqrt{a}}=\frac{m\times\sqrt{a}}{\sqrt{a}\times\sqrt{a}}=\frac{m\sqrt{a}}{a}$$

$$\frac{m}{\sqrt{a}+\sqrt{b}}=\frac{m(\sqrt{a}-\sqrt{b})}{(\sqrt{a}+\sqrt{b})(\sqrt{a}-\sqrt{b})}=\frac{m(\sqrt{a}-\sqrt{b})}{a-b}$$

$$\frac{m}{\sqrt{a}-\sqrt{b}}=\frac{m(\sqrt{a}+\sqrt{b})}{(\sqrt{a}-\sqrt{b})(\sqrt{a}+\sqrt{b})}=\frac{m(\sqrt{a}+\sqrt{b})}{a-b}$$

問題◀◁p.27

3 次の問いに答えなさい。

□ (11)　**放物線 $y = 3x^2 - 12x - 3$ の頂点の座標を求めなさい。**

解説・解答　《2 次関数》

$y = 3x^2 - 12x - 3$

$= 3(\boxed{x^2 - 4x}) - 3$　　定数項以外を x^2 の係数 3 でくくります。

$= 3(x^2 - 4x + \boxed{4} - \boxed{4}) - 3$　　$x^2 - kx = \left(x - \frac{k}{2}\right)^2 - \left(\frac{k}{2}\right)^2$ の形に変形

$= 3\{(x - \boxed{2})^2 - 4\} - 3$　　{ }をはずして，$a(x-p)^2 + q$ の形に

$= 3(x - \boxed{2})^2 - \boxed{15}$

したがって，頂点の座標は，$(\boxed{2}, \boxed{-15})$　答 $\boxed{(2, -15)}$

2 次関数のグラフ

一般形　$y = ax^2 + bx + c$

平方完成↓

標準形　$y = a(x - p)^2 + q$

軸は　直線 $x = p$　頂点は　点 (p, q)

□ (12)　**2 次不等式 $3x^2 - 10x + 3 \leqq 0$ を解きなさい。**

《2 次不等式》

2 次方程式 $3x^2 - 10x + 3 = 0$ を解くと，

$(\boxed{3x - 1})(x - 3) = 0$

$x = \boxed{\frac{1}{3}}, \boxed{3}$

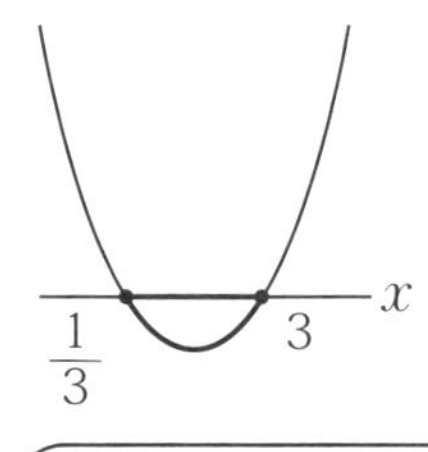

したがって，2 次不等式の解は，

$\boxed{\frac{1}{3}} \leqq x \leqq \boxed{3}$

答 $\boxed{\frac{1}{3} \leqq x \leqq 3}$

2 次不等式を解くときは，まず左辺＝0 として 2 次方程式の解を求めましょう。

ワンポイント・アドバイス

$3x^2 - 10x + 3 = 0$ の因数分解

公式 $acx^2 + (ad + bc)x + bd = (ax + b)(cx + d)$ において，$ac = 3$，$ad + bc = -10$，$bd = 3$ となる a，b，c，d は，次のようにして見つけます。

$$\begin{array}{cccc} 3 & \diagdown\!\!\!\diagup & -1 & \longrightarrow \quad -1 \\ 1 & & -3 & \longrightarrow \quad -9 \\ \hline 3 & & 3 & \qquad -10 \end{array}$$

2次不等式

$a > 0$ で，2次方程式 $ax^2 + bx + c = 0$ が異なる2つの実数解 $x = \alpha$，β（$\alpha < \beta$）をもつとき，

$ax^2 + bx + c > 0$ の解は，$x < \alpha$，$\beta < x$

$ax^2 + bx + c \geqq 0$ の解は，$x \leqq \alpha$，$\beta \leqq x$

$ax^2 + bx + c < 0$ の解は，$\alpha < x < \beta$

$ax^2 + bx + c \leqq 0$ の解は，$\alpha \leqq x \leqq \beta$

□ **(13)　大小2つのさいころを同時に投げるとき，出る目の数の和が5の倍数となる確率を求めなさい。**

《確率》

右のような表をつくって調べます。

目の出方は全部で 36 通りで，出る目の数の和が5の倍数になるのは，右の○印の場合で，全部で 7 通りです。

したがって，求める確率は，$\dfrac{7}{36}$

答 $\dfrac{7}{36}$

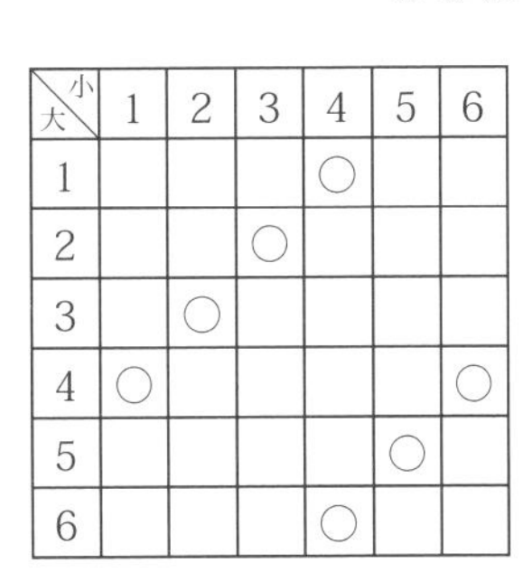

大＼小	1	2	3	4	5	6
1				○		
2			○			
3		○				
4	○					○
5					○	
6				○		

出る目の数の和が 5 の倍数になるのは，次の $\boxed{7}$ 通りです。

(1，4)，(2，3)，(3，2)，(4，1)，$\boxed{(4,\ 6),\ (5,\ 5),\ (6,\ 4)}$

したがって，求める確率は，$\dfrac{\boxed{7}}{36}$

答 $\boxed{\dfrac{7}{36}}$

場合の数を求めるときは，樹形図や表で，あるいはすべてを書き並べる方法で調べます。

確率の求め方

起こりうるすべての場合は n 通りあり，そのどれが起こることも同様に確からしいとします。このとき，あることがら A が起こる場合が a 通りあるとすると，

A が起こる確率 p は，$p=\dfrac{a}{n}$

2 つのさいころを同時に投げたときの確率

目の出方の数は全部で 36 通りです。

例　2 つの目の数の和が 3 以下になる場合は (1，1)，(1，2)，(2，1) の 3 通りです。したがって，2 つの目の数の和が 3 以下になる確率は，$\dfrac{3}{36}=\dfrac{1}{12}$

□ **(14)　$0^\circ < \theta < 180^\circ$ とします。$\cos\theta = -\dfrac{1}{3}$ のとき，次の問いに答えなさい。**

①　$\sin\theta$ の値を求めなさい。

②　$\tan\theta$ の値を求めなさい。

《三角比》

①　三角比の相互関係 $\sin^2\theta + \cos^2\theta = 1$ より，

$$\sin^2\theta = 1 - \cos^2\theta = 1 - \left(\boxed{-\frac{1}{3}}\right)^2 = \boxed{\frac{8}{9}}$$

$0^\circ < \theta < 180^\circ$より，$\sin\theta > 0$ですから，

$$\sin\theta = \sqrt{\boxed{\frac{8}{9}}} = \boxed{\frac{2\sqrt{2}}{3}}$$ ……答

② 三角比の相互関係 $\tan\theta = \dfrac{\sin\theta}{\cos\theta}$ より，

$$\tan\theta = \boxed{\frac{2\sqrt{2}}{3}} \div \left(\boxed{-\frac{1}{3}}\right) = \boxed{\frac{2\sqrt{2}}{3}} \times (\boxed{-3})$$
$$= \boxed{-2\sqrt{2}}$$ ……答

三角比の相互関係

$$\tan\theta = \frac{\sin\theta}{\cos\theta}$$

$$\sin^2\theta + \cos^2\theta = 1$$

$$1 + \tan^2\theta = \frac{1}{\cos^2\theta}$$

鈍角もふくめた三角比

$\sin\theta = \dfrac{y}{r}$，$\cos\theta = \dfrac{x}{r}$，

$\tan\theta = \dfrac{y}{x}$より，$\cos\theta = -\dfrac{1}{3}$

なので，$x = -1$，$r = 3$，さらに三平方の定理より，$y = 2\sqrt{2}$。

よって $\sin\theta = \dfrac{2\sqrt{2}}{3}$，

$\tan\theta = -2\sqrt{2}$ とわかります。

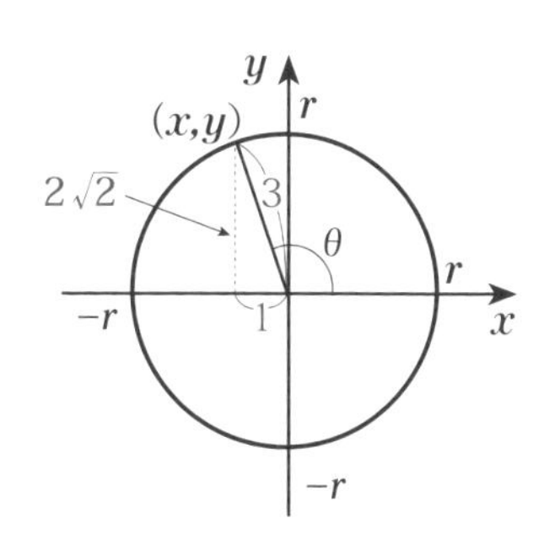

□ **(15) 集合 $A = \{1, 3, 5, 7, 8\}$ と集合 $B = \{1, 3, 6, 8, 9\}$ について，次の問いに答えなさい。**

① 集合 $A \cup B$ を，要素を書き並べる方法で表しなさい。

② 集合 $A \cap B$ の要素の個数を求めなさい。

問題◀◁p.28

解説・解答 《集合》 

① 集合$A \cup B$は，AとBの和集合ですから，AとBの少なくとも一方に属する要素全体の集合です。したがって，

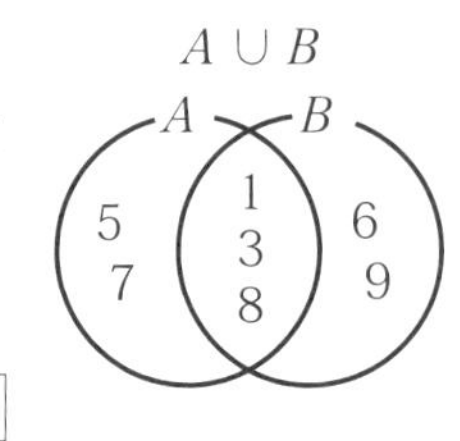

$$A \cup B = \{\boxed{1,\ 3,\ 5,\ 6,\ 7,\ 8,\ 9}\}$$

答 $\boxed{\{1,\ 3,\ 5,\ 6,\ 7,\ 8,\ 9\}}$

② 集合$A \cap B$は，AとBの共通部分で，AとBのどちらにも属する要素全体の集合ですから，

$$A \cap B = \{\boxed{1,\ 3,\ 8}\}$$

したがって，要素の個数は$\boxed{3}$です。  答 $\boxed{3}$

集合

範囲をはっきりさせたものの集まりを**集合**といいます。

空集合

要素を1つももたない集合を**空集合**といい，ϕで表します。

和集合

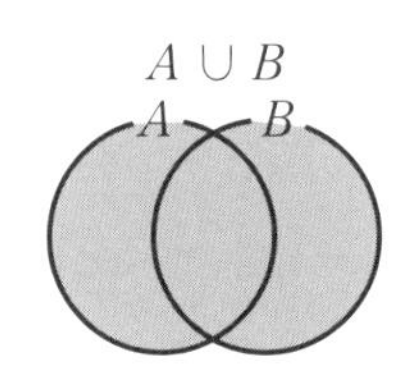

集合AとBの少なくとも一方に属する要素全体の集合を，AとBの**和集合**といい，$A \cup B$と表します。

共通部分

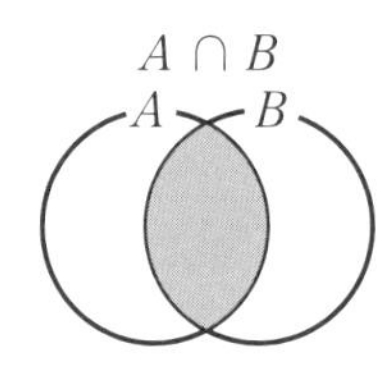

集合AとBのどちらにも属する要素全体の集合を，AとBの**共通部分**といい，$A \cap B$と表します。

全体集合と補集合

集合を考えるとき，すべての要素をふくむ集合をUとして考えます。この集合Uを**全体集合**といいます。また，全体集合Uの部分集合Aに属さないUの要素全体の集合をAの**補集合**といい，$\overline{A}$と書きます。

第2回 2次 数理技能

1 ある試験を行ったところ，Aグループの9人の平均点はa点，Bグループb人の平均点は81点で，AグループとBグループを合わせた平均点は72点でした。次の問いに答えなさい。

□（1） Aグループの平均点aをbで表しなさい。この問題は答えだけを書いて下さい。 （表現技能）

《平均》

Aグループの合計点は，$\boxed{9} \times \boxed{a}$点，Bグループの合計点は，$\boxed{b} \times \boxed{81}$点，また，AグループとBグループを合わせた合計点は，$\boxed{(9+b)} \times \boxed{72}$点ですから，

$$9a + 81b = \boxed{72(9+b)}$$
両辺を9でわります。
$$a + 9b = \boxed{8(9+b)}$$
右辺を展開します。
$$a + 9b = 72 + 8b$$
$$a = 72 + 8b - 9b$$
$$a = \boxed{-b+72}$$

答 $\boxed{a = -b + 72}$

□（2） 別の試験を行ったところ，Aグループの平均点が81点，Bグループの平均点がa点で，AグループとBグループを合わせた平均点は71点になりました。このとき，Bグループの人数は何人ですか。

《平均》

Aグループの合計点は，$\boxed{9} \times 81$点，Bグループの合計点は，$\boxed{b} \times \boxed{a}$点，また，AグループとBグループを合わせた合計点は，$\boxed{(9+b)} \times \boxed{71}$点ですから，

$$9 \times 81 + ab = \boxed{71(9+b)}$$
$$9 \times 81 + ab = 71 \times 9 + 71b$$

問題 p.30

$$ab - 71b + 9 \times 81 - 71 \times 9 = 0$$

工夫して計算します。

$$ab - 71b + 9 \times \boxed{(81 - 71)} = 0$$

$$ab - 71b + 9 \times 10 = 0$$

$a = -b + 72$ を代入します。

$$\boxed{(-b + 72)}\, b - 71b + 90 = 0$$

$$-b^2 + b + 90 = 0$$

$$b^2 - b - 90 = 0$$

$$(\boxed{b + 9})(\boxed{b - 10}) = 0$$

$b > 0$ より，$b = \boxed{10}$

答　10 人

平均値の求め方

$$平均値 = \frac{データの合計値}{データの数}$$

グループごとに，人数と平均点から合計点を表すことで，必要な関係式が得られます。

2 次の問いに答えなさい。

□（3） n は 6 以上の正の整数とします。$A = n^2 - 25$ とするとき，A が偶数ならば A は 8 の倍数であることを証明しなさい。

（証明技能）

《整数の性質》

$A = n^2 - 25$ において，<u>A が偶数ならば，n^2 は奇数である</u>から，n は奇数である。

奇数－奇数＝偶数

そこで，$n=2m-1$（m は整数）とおく。$n \geqq 6$ より，$m \geqq 4$ である。

ポイント

このとき，

$A=8\times$整数
となることを示
します。

$$
\begin{aligned}
A &= n^2-25 \\
&= (\boxed{n+5})(\boxed{n-5}) \\
&= (\boxed{2m-1}+5)(\boxed{2m-1}-5) \\
&= (\boxed{2m+4})(\boxed{2m-6}) \\
&= 4(\boxed{m+2})(\boxed{m-3})
\end{aligned}
$$

ここで，

m が偶数のとき，$m+2$ は 偶数

m が奇数のとき，$m-3$ は 偶数

であるから，$(m+2)(m-3)$ は必ず偶数になる。

そこで，$(m+2)(m-3)=2\ell$（ℓ は整数）とおくと，

$$A=4\times 2\ell=8\ell$$

ℓ は整数であるから，A は 8 の倍数である。

ワンポイント・アドバイス

ある整数 A が m の倍数であることを証明するには，

$$A=m\times(\text{整数})$$

の形の式で表されればよい。

重要

偶数と奇数の表し方

偶数を $2m$（m は整数）と表すと，奇数は $2m-1$ と表すことができます。整数の証明問題で，よく用いられます。

3 次の問いに答えなさい。

□ (4) 1369, 1117, 781 をある正の整数 n でわると，余りがすべて等しくなりました。このような n のうち最大の数を求めなさい。この問題は答えだけを書いてください。

《整数の性質》 

n でわった余り R がすべて等しいから，

$$1369 \div n = a \cdots R$$
$$1117 \div n = b \cdots R$$
$$781 \div n = c \cdots R$$

とおくと，

$$\begin{cases} 1369 = an + R & \cdots\cdots① \\ 1117 = \boxed{bn + R} & \cdots\cdots② \\ 781 = \boxed{cn + R} & \cdots\cdots③ \end{cases}$$

①−②から，

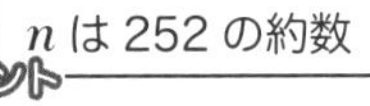

$$\underline{252 = (\boxed{a - b})n} \quad \cdots\cdots④$$

②−③から，

$$\underline{336 = (\boxed{b - c})n} \quad \cdots\cdots⑤$$

④, ⑤から, n は 252 と 336 の公約数であることがわかります。したがって，n のうち最大の数はこの 2 数の最大公約数です。$252 = 2^2 \times 3^2 \times 7$，$336 = 2^4 \times 3 \times 7$ より，最大公約数は

$$2^2 \times \boxed{3} \times \boxed{7} = \boxed{84}$$

このとき，

$$1369 \div 84 = 16 \cdots 25$$
$$1117 \div 84 = 13 \cdots 25$$
$$781 \div 84 = 9 \cdots 25$$

より，題意に適します。

ワンポイント・アドバイス

252 と 336 の最大公約数は右のようにしても求めることができます。

$$2 \times 2 \times 3 \times 7 = 84$$

この方法にも慣れておきましょう。

$$\begin{array}{r|rr} 2 & 252 & 336 \\ \hline 2 & 126 & 168 \\ \hline 3 & 63 & 84 \\ \hline 7 & 21 & 28 \\ \hline & 3 & 4 \end{array}$$

わり算の商と余り

正の整数について，わられる数を A，わる数を B，商を Q，余りを R とすると，

$$A = BQ + R \quad （ただし，0 \leqq R < B）$$

わり算の式 $A \div B = Q \cdot\cdot\cdot R$ を $A = BQ + R$ となおして考えます。

4 2 次関数 $y = -x^2 + (2k-4)x - 9$（k は定数）について，次の問いに答えなさい。

□（5） 上の 2 次関数の頂点の座標を求めなさい。この問題は答えだけを書いてください。

《2 次関数》 

$y = -x^2 + (2k-4)x - 9$

$= -\{x^2 - 2(\boxed{k-2})x\} - 9$ ← 定数項以外を x^2 の係数－1でくくります。

$= -\{x^2 - 2(\boxed{k-2})x + (\boxed{k-2})^2 - (\boxed{k-2})^2\} - 9$

$= -\{x - (\boxed{k-2})\}^2 + (\boxed{k-2})^2 - 9$ ← 平方完成

$= -\{x - (\boxed{k-2})\}^2 + k^2 - \boxed{4k} - \boxed{5}$

したがって，頂点の座標は（$\boxed{k-2}$，$\boxed{k^2-4k-5}$）

答 $\boxed{(k-2,\ k^2-4k-5)}$

2次関数 $y = ax^2 + bx + c$ のグラフの頂点は，

$$点\left(-\frac{b}{2a},\ -\frac{b^2-4ac}{4a}\right)$$

ポイント 暗記しておきます。

ですから，頂点の x 座標は，

$$-\frac{\boxed{2k-4}}{2\times(-1)}=\boxed{k-2}$$

また，y 座標は，

$$-\frac{(\boxed{2k-4})^2-4\times(\boxed{-1})\times(\boxed{-9})}{4\times(-1)}=\boxed{k^2-4k+4}-9$$

$$=\boxed{k^2-4k-5}$$

答 $\boxed{(k-2,\ k^2-4k-5)}$

□（6）上の2次関数の頂点が第2象限にあるように定数 k の値の範囲を定めなさい。

《2次関数》

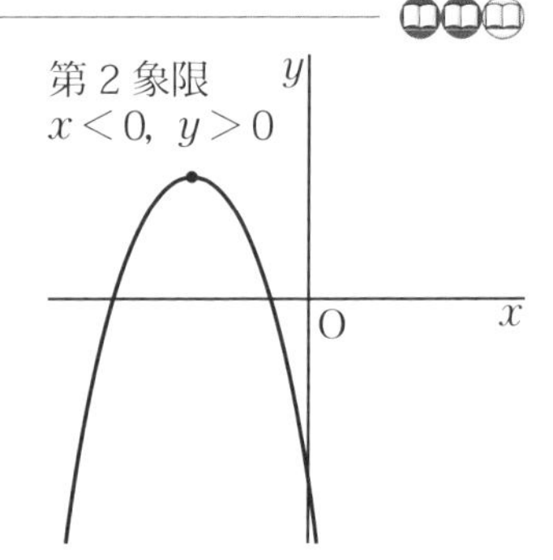

頂点が第2象限にあるのは，

頂点の x 座標 < 0，

頂点の y 座標 > 0

の場合です。

（5）から，

$x=\boxed{k-2}<0$ より，

$k<\boxed{2}$ ……①

$y=\boxed{k^2-4k-5}>0$ より，

$(\boxed{k+1})(\boxed{k-5})>0$

$k<\boxed{-1}$，$\boxed{5}<k$ ……②

①，②から，　$k<\boxed{-1}$

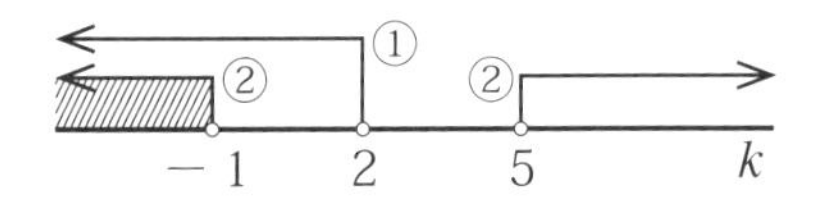

頂点が第2象限にある条件を考えます。

答 $\boxed{k<-1}$

2次関数の頂点の座標

① 2次関数 $y=ax^2+bx+c$ は，$y=a(x-p)^2+q$ の形に表す（**平方完成**）ことができます。このとき，軸は **直線 $x=p$**，頂点は **点$(p,\ q)$** です。

② 2次関数 $y=ax^2+bx+c$ のグラフは，$y=ax^2$ のグラフを平行移動した放物線です。

軸は　直線 $x=-\dfrac{b}{2a}$

頂点は　点 $\left(-\dfrac{b}{2a},\ -\dfrac{b^2-4ac}{4a}\right)$

象限

座標平面は，座標軸によって4つの領域に分けられます。これらの4つの領域をそれぞれ第1象限，第2象限，第3象限，第4象限といいます。座標軸はどの象限にもふくまれません。

第2象限 $x<0,\ y>0$	第1象限 $x>0,\ y>0$
第3象限 $x<0,\ y<0$	第4象限 $x>0,\ y<0$

5 3個のさいころを同時に投げるとき，次の問いに答えなさい。

□(7) 少なくとも2個のさいころの目が一致する確率を求めなさい。

《確率》

3個のさいころを同時に投げるとき，目の出方の総数は，

$$\boxed{6}^3=\boxed{216}\text{（通り）}$$

「少なくとも2個のさいころの目が一致する」の余事象は，「すべてのさいころの目が異なる」となります。

問題 p.31

3個のさいころの目がすべて異なる目の出方の数は，1～6の6個の数から異なる3個を選んでつくる順列の数と同じです。したがって，

$${}_6P_3 = \boxed{6} \times \boxed{5} \times \boxed{4} = \boxed{120}\ (通り)$$

よって，求める確率は，

「少なくとも」とあったら，余事象の確率を考えてみましょう。

$$1 - \frac{\boxed{120}}{216} = 1 - \boxed{\frac{5}{9}} = \boxed{\frac{4}{9}}$$

答 $\boxed{\dfrac{4}{9}}$

順列

異なる n 個から r 個を取り出して並べる順列の数は，

$${}_nP_r = \underbrace{n(n-1)(n-2)\cdots\cdots(n-r+1)}_{r\,個の数の積}$$

余事象の確率

事象 A に対して，A が起こらないという事象を A の余事象といい，$\overline{A}$ と表します。このとき，余事象 $\overline{A}$ の確率は，

$$P(\overline{A}) = 1 - P(A)$$

6 △ABCにおいて，$5\sin A = 8\sin B$，$\angle C = 60°$のとき，次の問いに答えなさい。

□ (8)　辺BCと辺CAの長さの比をもっとも簡単な整数の比で表しなさい。この問題は答えだけを書いてください。

《三角比》

△ABCの外接円の半径を R, $AB = c$, $BC = a$, $CA = b$ とすると，

正弦定理 $\dfrac{a}{\sin A} = \dfrac{b}{\sin B} = \dfrac{c}{\sin C} = 2R$ より，

$$\sin A = \frac{a}{2R},\ \sin B = \boxed{\frac{b}{2R}},\ \sin C = \boxed{\frac{c}{2R}}$$

$5\sin A = 8\sin B$ に代入すると，

$$\frac{5a}{2R} = \boxed{\frac{8b}{2R}}$$

したがって，　$5a = \boxed{8b}$

よって，　$a : b = \boxed{8 : 5}$

答 $\boxed{8 : 5}$

□ **(9)　AB $= \dfrac{7}{2}$ のとき，△ABC の面積を求めなさい。**

解説・解答 《三角比》

(8) より，$a = 8k,\ b = 5k$（k は比例定数で，$k > 0$）とおきます。

AB $= \dfrac{7}{2}$，$\angle \mathrm{C} = 60°$ ですから，余弦定理より，

$$\left(\frac{7}{2}\right)^2 = (\boxed{8k})^2 + (\boxed{5k})^2 - 2 \times \boxed{8k} \times \boxed{5k} \times \cos 60°$$

$$\frac{49}{4} = \boxed{64k^2} + \boxed{25k^2} - \boxed{80k^2} \times \frac{1}{2}$$

$$\frac{49}{4} = \boxed{49k^2} \qquad k^2 = \boxed{\frac{1}{4}}$$

$k > 0$ ですから，$k = \boxed{\dfrac{1}{2}}$

したがって，

$$a = 8k = 8 \times \boxed{\frac{1}{2}} = \boxed{4},\ b = 5k = 5 \times \boxed{\frac{1}{2}} = \boxed{\frac{5}{2}},\ \angle \mathrm{C} = 60°$$

より，

$$\triangle \mathrm{ABC} = \frac{1}{2} \times a \times b \times \sin 60°$$

$$= \frac{1}{2} \times \boxed{4} \times \boxed{\frac{5}{2}} \times \boxed{\frac{\sqrt{3}}{2}} = \boxed{\frac{5\sqrt{3}}{2}}$$

答 $\boxed{\dfrac{5\sqrt{3}}{2}}$

正弦定理

△ABC の外接円の半径を R，AB = c，BC = a，CA = b とすると，

$$\frac{a}{\sin A}=\frac{b}{\sin B}=\frac{c}{\sin C}=2R$$

余弦定理

△ABC において，次の式が成り立つ。

$$a^2=b^2+c^2-2bc\cos A$$
$$b^2=c^2+a^2-2ca\cos B$$
$$c^2=a^2+b^2-2ab\cos C$$

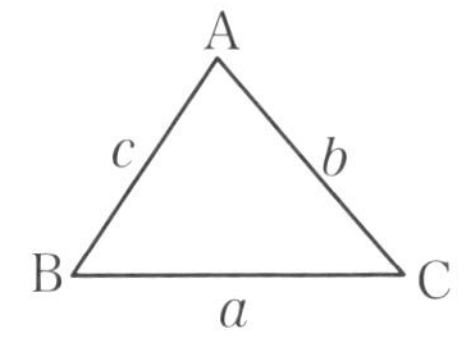

三角形の面積

△ABC の面積を S とすると，

$$S=\frac{1}{2}bc\sin A=\frac{1}{2}ca\sin B=\frac{1}{2}ab\sin C$$

7 1 から 25 までの数字が 1 つずつ書いてある 25 枚のカードがあります。このカードを全て表の状態にして並べます。次の問いに答えなさい。この問題は答えだけを書いて下さい。

1	2	3	……	25

□ (10) 25 枚のカードに次の 24 個の操作を行います。

操作 1　数字が 2 の倍数であるカードを全部裏返す。
操作 2　数字が 3 の倍数であるカードを全部裏返す。
⋮
操作 n　数字が $n+1$ の倍数であるカードを全部裏返す。
⋮
操作 24　数字が 25 の倍数であるカードを全部裏返す。

このとき，表の状態であるカード全ての数字の和を求めなさい。

(整理技能)

解説・解答 《整数の問題》 

例えば，12 の数字が書かれたカードが何回裏返されるか考えてみます。 $12=2^2\times3$ より，12 は [2]，[3]，[4]，[6]，[12] の倍数なので 5 回裏返されます。

あるいは，16 の数字が書かれたカードが何回裏返されるか考えてみます。$16=2^4$ より，16 は [2]，[4]，[8]，[16] の倍数なので [4] 回裏返されます。

したがって，それぞれのカードは，書かれた数字の約数の個数から 1 を引いた数だけ裏返されます。

ポイント 約数 1 のぶんを除く

全ての操作を終えたとき，カードが表の状態になるのは，[偶数回] 裏返したときですから，約数の個数が [奇数] の場合です。

ここで自然数 n を $n=a^l b^m c^n\cdots\cdots$（$a,b,c\cdots\cdots$ は素数）とすると，n の約数の個数は $(l+1)(m+1)(n+1)\cdots\cdots$ 個となります。

なお，$(l+1)(m+1)(n+1)\cdots\cdots$ が奇数となるのは，l，m，$n\cdots\cdots$ がすべて [偶数] になるときしかありません。すると，$l=2l'$，$m=2m'$，$n=2n'\cdots\cdots$ とおけるので，$n=a^{2l'}b^{2m'}c^{2n'}\cdots\cdots=(a^{l'}b^{m'}c^{n'}\cdots\cdots)^2$ より，n は [平方数] であることがわかります。約数の個数が奇数となるのは，[平方数] のときですから，表の状態であるカードの数は [1]，[4]，[9]，[16]，[25] となります。

これらの数の和は，

[1] + [4] + [9] + [16] + [25] = [55]

 [55]

ワンポイント・アドバイス

整数問題で，どこから手をつけてよいか分からないときは，具体的に値を入れてみたり，操作を行ったりしてみて，傾向をつかむとよいでしょう。

参考

平方数……自然数の 2 乗で表される数

（例） 1（$=1^2$），4（$=2^2$），9（$=3^2$），……

第3回 1次 計算技能

1 次の問いに答えなさい。

□(1)　次の式を展開して計算しなさい。

$$(x+5)(x-1)+(x+2)(x-2)$$

《多項式の計算》

$(x+5)(x-1)+(x+2)(x-2)$
乗法公式と分配法則を用います。

$=x^2-x+5x-5+x^2-4$
同類項をまとめます。

$=2x^2+4x-9$ ……答

乗法公式

$$(a+b)^2=a^2+2ab+b^2$$
$$(a-b)^2=a^2-2ab+b^2$$
$$(a+b)(a-b)=a^2-b^2$$

□(2)　次の式を因数分解しなさい。

$$2a^2b-12ab^2+18b^3$$

《因数分解》

$2a^2b-12ab^2+18b^3$
共通因数 $2b$ でくくります。

$=2b(a^2-6ab+9b^2)$

$=2b\{a^2-2\times a\times 3b+(3b)^2\}$

$a^2-2ab+b^2=(a-b)^2$ より

$=2b(a-3b)^2$ ……答

因数分解した式を展開して，答えを確かめておきましょう。

因数分解の公式

$$a^2 + 2ab + b^2 = (a + b)^2$$
$$a^2 - 2ab + b^2 = (a - b)^2$$
$$a^2 - b^2 = (a + b)(a - b)$$
$$x^2 + (a + b)x + ab = (x + a)(x + b)$$

□ (3)　次の方程式を解きなさい。

$$x^2 - 8x + 12 = 0$$

《2 次方程式》

$$x^2 - 8x + 12 = 0$$

左辺を因数分解すると,

$$(x - \boxed{2})(x - \boxed{6}) = 0$$

$\boxed{x - 2} = 0$ または $\boxed{x - 6} = 0$

$x = \boxed{2}, \boxed{6}$

 $\boxed{x = 2,\ 6}$

積が 12 になる 2 つの数の組の中から, 和が − 8 になる数を見つけます。

2 次方程式の因数分解による解き方

(2 次式) = 0 の形の 2 次方程式で, 左辺が因数分解できるときは,

$AB = 0$　ならば　$A = 0$ または $B = 0$

として解くことができます。

2 次方程式の解の公式による解き方

(2 次式) = 0 の左辺が因数分解できないときは, $(x + m)^2 = □$の形にするか, 解の公式を用いて解きます。

2 次方程式 $ax^2 + bx + c = 0$ の解は,

$$x = \frac{-b \pm \sqrt{b^2 - 4ac}}{2a}$$

問題◀◀ p.34

□ (4)　**次の計算をしなさい。**

$$(\sqrt{6}-1)^2-(\sqrt{3}-\sqrt{2})^2$$

《平方根の計算》

$(a-b)^2=a^2-2ab+b^2$ より

$(\sqrt{6}-1)^2-(\sqrt{3}-\sqrt{2})^2$

$=(\sqrt{6})^2-\boxed{2\sqrt{6}}+1-\{(\boxed{\sqrt{3}})^2-2\times\sqrt{3}\times\sqrt{2}+(\boxed{\sqrt{2}})^2\}$

$=\boxed{6-2\sqrt{6}}+1-(\boxed{3}-2\sqrt{6}+\boxed{2})$

かっこをはずします。

$=\boxed{6-2\sqrt{6}}+1-\boxed{3}+2\sqrt{6}-\boxed{2}$

$=\boxed{2}$ ……答

平方根の計算

$a>0$, $b>0$, $m>0$ のとき,

$$\ell\sqrt{a}+m\sqrt{a}=(\ell+m)\sqrt{a}$$

$$\ell\sqrt{a}-m\sqrt{a}=(\ell-m)\sqrt{a}$$

$$\sqrt{a}\times\sqrt{b}=\sqrt{ab}$$

$$\sqrt{m^2a}=m\sqrt{a}$$

□ (5)　**y は x^2 に比例し, $x=-3$ のとき $y=-6$ です。このとき, y を x の式で表しなさい。**

《比例と反比例》

y が x^2 に比例するとき, $y=ax^2$（a は比例定数）と表すことができます。ポイント

$x=-3$ のとき, $y=-6$ ですから,

$$\boxed{-6}=a\times(\boxed{-3})^2$$

$$\boxed{-6}=\boxed{9a}$$

したがって,　$a=\boxed{-\frac{2}{3}}$

式は,　$y=\boxed{-\frac{2}{3}x^2}$

答 $\boxed{y=-\frac{2}{3}x^2}$

比例と反比例

y は x に比例 → $y = ax$

y は x に反比例 → $y = \dfrac{a}{x}$

y は x^2 に比例 → $y = ax^2$

y は x^2 に反比例 → $y = \dfrac{a}{x^2}$

2 次の問いに答えなさい。

□（6）右の図の△ ABC について，
辺 AC の長さを求めなさい。

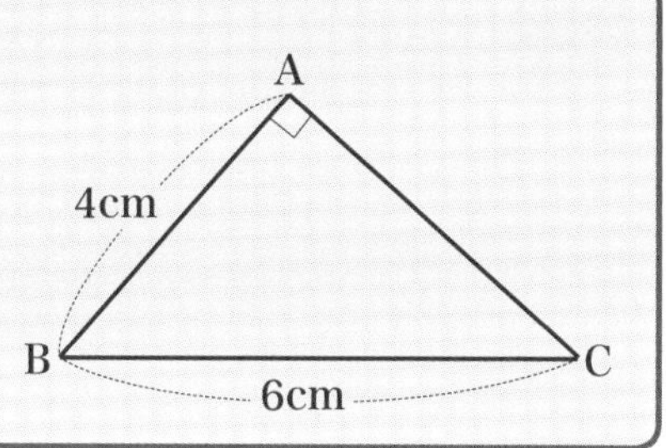

《三平方の定理》 

△ ABC において，三平方の定理を用いると，

$$4^2 + AC^2 = \boxed{6}^2$$

$$AC^2 = \boxed{36} - 16 = \boxed{20}$$

AC ＞ 0 ですから，

$$AC = \boxed{\sqrt{20}} = \boxed{2\sqrt{5}} \text{（cm）}$$

 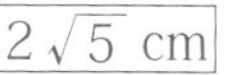
$\boxed{2\sqrt{5}\ \text{cm}}$

三平方の定理

直角三角形の直角をはさむ 2 辺の長さを a, b とし，斜辺の長さを c とすると，次の関係が成り立ちます。

$$a^2 + b^2 = c^2$$

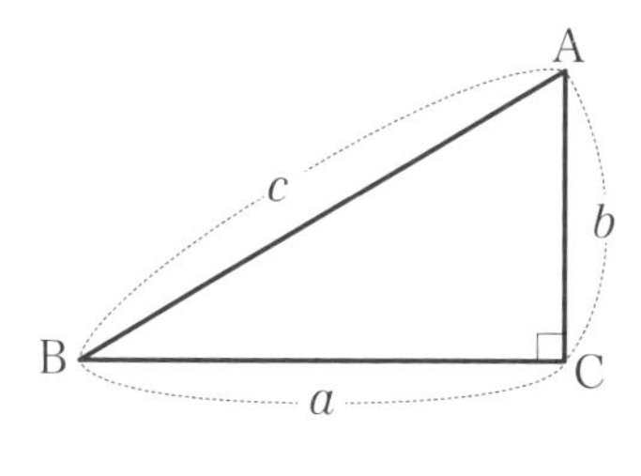

□（7）　右の図において，x の値を求めなさい。

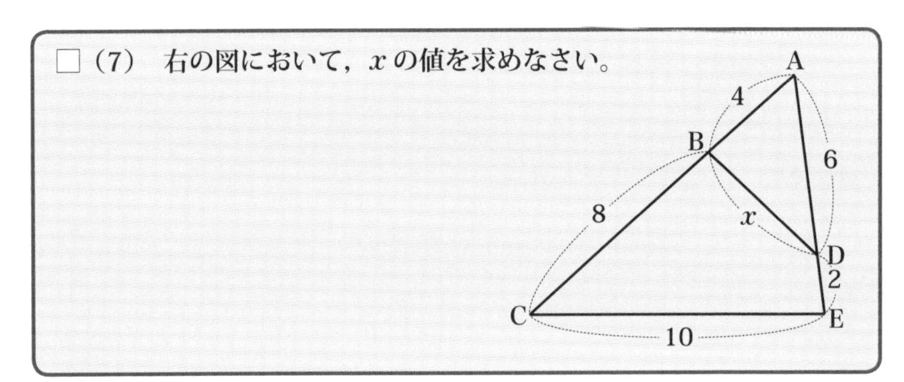

《相似な図形》

△ABD と△AEC において，

$$AB：AE = 4：8 = \boxed{1：2}$$

$$AD：AC = 6：12 = \boxed{1：2}$$

したがって，

$$AB：AE = \boxed{AD：AC} \quad \cdots\cdots①$$

また，

$$\angle \boxed{A} は共通 \quad \cdots\cdots②$$

①，②より，2 組の辺の比が等しく，その間の角が等しいから，

$$\triangle ABD \backsim \triangle AEC$$

よって，　AB：AE = BD：EC　←相似な図形では，対応する線分の長さの比はすべて等しい。

ですから，

$$1：2 = x：\boxed{10}$$

$$2x = \boxed{10}$$

$$x = \boxed{5}$$

　$x = 5$

三角形の相似条件

2 つの三角形は，次のいずれかが成り立つとき**相似**であるといいます。

① 3 組の辺の比がすべて等しい。

② 2 組の辺の比が等しく，その間の角が等しい。

③ 2 組の角がそれぞれ等しい。

□ (8)　次の式を展開して計算しなさい。

$$(2a+3b)(4a^2-6ab+9b^2)$$

《多項式の計算》

$(2a+3b)(4a^2-6ab+9b^2)$

$=(2a+3b)\{(\boxed{2a})^2-\boxed{2a}\times\boxed{3b}+(\boxed{3b})^2\}$

$=(\boxed{2a})^3+(\boxed{3b})^3$

$=\boxed{8a^3+27b^3}$ ……答

乗法公式
$(a+b)(a^2-ab+b^2)$
$=a^3+b^3$
より

$(2a+3b)(4a^2-6ab+9b^2)$

$=\boxed{8a^3-12a^2b+18ab^2+12a^2b-18ab^2+27b^3}$

$=\boxed{8a^3+27b^3}$ ……答

乗法公式

$(a+b)^3=a^3+3a^2b+3ab^2+b^3$

$(a-b)^3=a^3-3a^2b+3ab^2-b^3$

$(a+b)(a^2-ab+b^2)=a^3+b^3$

$(a-b)(a^2+ab+b^2)=a^3-b^3$

$(a+b+c)^2=a^2+b^2+c^2+2ab+2bc+2ca$

□ (9)　次の式を因数分解しなさい。

$$24a^3b^3-81$$

《因数分解》

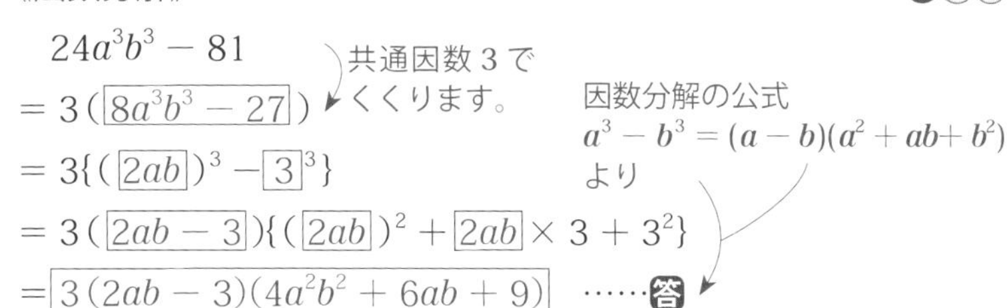

$24a^3b^3-81$

$=3(\boxed{8a^3b^3-27})$

$=3\{(\boxed{2ab})^3-\boxed{3}^3\}$

$=3(\boxed{2ab-3})\{(\boxed{2ab})^2+\boxed{2ab}\times3+3^2\}$

$=\boxed{3(2ab-3)(4a^2b^2+6ab+9)}$ ……答

共通因数 3 でくくります。

因数分解の公式
$a^3-b^3=(a-b)(a^2+ab+b^2)$
より

因数分解の公式

$$a^3+b^3=(a+b)(a^2-ab+b^2)$$
$$a^3-b^3=(a-b)(a^2+ab+b^2)$$
$$a^3+3a^2b+3ab^2+b^3=(a+b)^3$$
$$a^3-3a^2b+3ab^2-b^3=(a-b)^3$$
$$acx^2+(ad+bc)x+bd=(ax+b)(cx+d)$$

□ **(10) 次の計算をしなさい。**

$$\frac{4}{\sqrt{3}+1}-(1+\sqrt{3})^2$$

《平方根の計算》 

$$\frac{4}{\sqrt{3}+1}-(1+\sqrt{3})^2$$
$$=\frac{4(\boxed{\sqrt{3}-1})}{(\sqrt{3}+1)(\boxed{\sqrt{3}-1})}-(1+2\sqrt{3}+\boxed{3})$$
$$=\frac{4(\boxed{\sqrt{3}-1})}{(\boxed{\sqrt{3}})^2-1^2}-(\boxed{4+2\sqrt{3}})$$
$$=\frac{4(\boxed{\sqrt{3}-1})}{\boxed{2}}-4-\boxed{2\sqrt{3}}$$
$$=\boxed{2\sqrt{3}}-2-4-\boxed{2\sqrt{3}}$$
$$=\boxed{-6}$$ ……答

分母を有理化します。また，乗法公式を用いて展開します。

分母の有理化

$a>0$，$b>0$ のとき，

$$\frac{m}{\sqrt{a}}=\frac{m\times\sqrt{a}}{\sqrt{a}\times\sqrt{a}}=\frac{m\sqrt{a}}{a}$$
$$\frac{m}{\sqrt{a}+\sqrt{b}}=\frac{m(\sqrt{a}-\sqrt{b})}{(\sqrt{a}+\sqrt{b})(\sqrt{a}-\sqrt{b})}=\frac{m(\sqrt{a}-\sqrt{b})}{a-b}$$
$$\frac{m}{\sqrt{a}-\sqrt{b}}=\frac{m(\sqrt{a}+\sqrt{b})}{(\sqrt{a}-\sqrt{b})(\sqrt{a}+\sqrt{b})}=\frac{m(\sqrt{a}+\sqrt{b})}{a-b}$$

3 次の問いに答えなさい。

□ (11) 放物線 $y=-2x^2+3x+1$ の頂点の座標を求めなさい。

《2次関数》 

$y=-2x^2+3x+1$

$=-2\left(x^2-\boxed{\frac{3}{2}x}\right)+1$ ← 定数項以外を x^2 の係数 -2 でくくります。

$=-2\left(x^2-\boxed{\frac{3}{2}x}+\boxed{\frac{9}{16}}-\boxed{\frac{9}{16}}\right)+1$ ← $x^2-kx=\left(x-\frac{k}{2}\right)^2-\left(\frac{k}{2}\right)^2$ の形に変形

$=-2\left\{\left(x-\boxed{\frac{3}{4}}\right)^2-\boxed{\frac{9}{16}}\right\}+1$

$=-2\left(x-\boxed{\frac{3}{4}}\right)^2+\boxed{\frac{9}{8}}+1$ ← { }をはずして，$a(x-p)^2+q$ の形に

$=-2\left(x-\boxed{\frac{3}{4}}\right)^2+\boxed{\frac{17}{8}}$

したがって，頂点の座標は，$\left(\boxed{\frac{3}{4}},\ \boxed{\frac{17}{8}}\right)$

答 $\boxed{\left(\frac{3}{4},\ \frac{17}{8}\right)}$

2次関数 $y=ax^2+bx+c$ のグラフの頂点は，

$$点\left(-\frac{b}{2a},\ -\frac{b^2-4ac}{4a}\right)$$

ですから，頂点の x 座標は，

$$-\frac{\boxed{3}}{2\times(\boxed{-2})}=\boxed{\frac{3}{4}}$$

← $y=ax^2+bx+c$ の頂点の x 座標は $-\frac{b}{2a}$

また，y 座標は，

$$-\frac{\boxed{3}^2-4\times(\boxed{-2})\times1}{4\times(\boxed{-2})}=\boxed{\frac{17}{8}}$$

← 頂点の y 座標は $-\frac{b^2-4ac}{4a}$

 $\boxed{\left(\frac{3}{4},\ \frac{17}{8}\right)}$

2次関数の頂点の座標

① 2次関数 $y = ax^2 + bx + c$ は，$y = a(x-p)^2 + q$ の形に表す（**平方完成**）ことができます。このとき，軸は **直線 $x = p$**，頂点は **点（p，q）** です。

② 2次関数 $y = ax^2 + bx + c$ のグラフは，$y = ax^2$ のグラフを平行移動した放物線です。

軸は　直線 $\boldsymbol{x = -\dfrac{b}{2a}}$

頂点は　点 $\boldsymbol{\left(-\dfrac{b}{2a},\ -\dfrac{b^2-4ac}{4a}\right)}$

ワンポイント・アドバイス

2次関数の頂点を求めるには，上の①のように平方完成により求める方法と，②の頂点の座標を公式として暗記して利用する方法とがあります。

実際の試験ではどちらで解いてもけっこうですが，②は①の平方完成から導くことができるので，①の平方完成の方法はしっかり身につけておきましょう。

□ (12) 2次不等式 $x^2 - 2x - 1 > 0$ を解きなさい。

《2次不等式》

まず，2次方程式 $x^2 - 2x - 1 = 0$ を解きます。

x の係数が偶数の場合の解の公式を用いると，

$$x = \frac{-(\boxed{-1}) \pm \sqrt{(\boxed{-1})^2 - \boxed{1} \times (\boxed{-1})}}{\boxed{1}}$$

$$x = \boxed{1 \pm \sqrt{2}}$$

したがって，2次不等式の解は，

$$x < \boxed{1-\sqrt{2}},\ \boxed{1+\sqrt{2}} < x$$

x

$\boxed{1-\sqrt{2}}$　$\boxed{1+\sqrt{2}}$

答 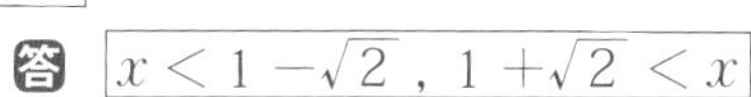
$x < 1-\sqrt{2}$，$1+\sqrt{2} < x$

2次方程式の解の公式による解き方

2次方程式 $ax^2 + bx + c = 0$ の解は，

$$x = \frac{-b \pm \sqrt{b^2 - 4ac}}{2a}$$

x の係数が偶数のときは，次の式で求めることもできます。2次方程式を $ax^2 + 2b'x + c = 0$ と表すと，

$$x = \frac{-b' \pm \sqrt{b'^2 - ac}}{a}$$

2次不等式

$a > 0$ で，2次方程式 $ax^2 + bx + c = 0$ が異なる2つの実数解 $x = \alpha$，β（$\alpha < \beta$）をもつとき，

$ax^2 + bx + c > 0$ の解は，$x < \alpha$，$\beta < x$

$ax^2 + bx + c \geqq 0$ の解は，$x \leqq \alpha$，$\beta \leqq x$

$ax^2 + bx + c < 0$ の解は，$\alpha < x < \beta$

$ax^2 + bx + c \leqq 0$ の解は，$\alpha \leqq x \leqq \beta$

□ **(13)　大小2個のさいころを同時に投げるとき，出る目の数の和が4以上となる確率を求めなさい。**

《確率》

右のような表をつくって調べます。

6 × 6 ＝ 36 より，目の出方は全部で 36 通りで，出る目の数の和が4以上になるのは，右の○印の場合で，全部で 33 通りです。

したがって，求める確率は，

$$\frac{33}{36} = \frac{11}{12}$$

大＼小	1	2	3	4	5	6
1			○	○	○	○
2		○	○	○	○	○
3	○	○	○	○	○	○
4	○	○	○	○	○	○
5	○	○	○	○	○	○
6	○	○	○	○	○	○

答　$\frac{11}{12}$

問題◀◁p.36

「出る目の数の和が 4 以上となる」の余事象は「出る目の数の和が 3 以下となる」場合です。

出る目の数の和が 3 以下となるのは，(大の目，小の目) とするとき，(1，1)，(1，2)，($\boxed{2，1}$) の 3 通りです。

したがって，出る目の数の和が 4 以上となる確率は，

$$1-\frac{\boxed{3}}{36}=\frac{\boxed{33}}{36}=\boxed{\frac{11}{12}}$$

 $\boxed{\dfrac{11}{12}}$

確率の求め方

すべての事象 U のどれが起こることも同様に確からしいとき，事象 A の起こる確率 $P(A)$ を次のように定めます。

$$P(A)=\frac{\text{事象 }A\text{ の起こる場合の数}}{\text{起こりうるすべての場合の数}}$$

余事象の確率

$$P(\overline{A})=1-P(A)$$

($\overline{A}$ は A の起こらない事象で，A の余事象といいます。)

□ **(14)　△ABC において，$\tan A=-3$ のとき，次の問いに答えなさい。**

①　$\cos A$ の値を求めなさい。

②　$\sin A$ の値を求めなさい。

《三角比》

①　三角比の相互関係 $1+\tan^2 A=\dfrac{1}{\cos^2 A}$ より，

$$1+(\boxed{-3})^2=\frac{1}{\cos^2 A}$$

$$\boxed{10}=\frac{1}{\cos^2 A} \qquad \cos^2 A=\boxed{\frac{1}{10}}$$

$\tan A < 0$ より，$90° < A < 180°$
したがって，$\cos A < 0$ ですから，

$$\cos A = -\sqrt{\boxed{\frac{1}{10}}} = \boxed{-\frac{\sqrt{10}}{10}}$$

答 $\boxed{-\frac{\sqrt{10}}{10}}$

② 三角比の相互関係 $\tan A = \dfrac{\sin A}{\cos A}$ より，

$$\sin A = \tan A \times \cos A$$
$$= (-3) \times \left(\boxed{-\frac{\sqrt{10}}{10}}\right)$$
$$= \boxed{\frac{3\sqrt{10}}{10}}$$

答 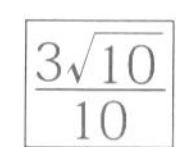 $\boxed{\frac{3\sqrt{10}}{10}}$

三角比の相互関係

$$\tan\theta = \frac{\sin\theta}{\cos\theta}$$
$$\sin^2\theta + \cos^2\theta = 1$$
$$1 + \tan^2\theta = \frac{1}{\cos^2\theta}$$

3ついっしょにおぼえておきましょう。

□ (15) $U = \{1, 2, 3, 4, 5, 6, 7, 8\}$ を全体集合とするとき，集合 $A = \{1, 3, 6, 8\}$ と集合 $B = \{2, 4, 6, 8\}$ について，次の問いに答えなさい。

① 集合 $A \cup B$ を，要素を書き並べる方法で表しなさい。

② 集合 $\overline{A} \cap B$ を，要素を書き並べる方法で表しなさい。

解説・解答 《集合》 

① 集合 $A \cup B$ は，A と B の和集合ですから，A と B の少なくとも一方に属する要素全体の集合です。したがって，

$$A \cup B = \{\boxed{1, 2, 3, 4, 6, 8}\}$$

答 $\boxed{\{1, 2, 3, 4, 6, 8\}}$

② 集合$\overline{A}$はAの補集合ですから，

$\overline{A}=\{$2, 4, 5, 7$\}$

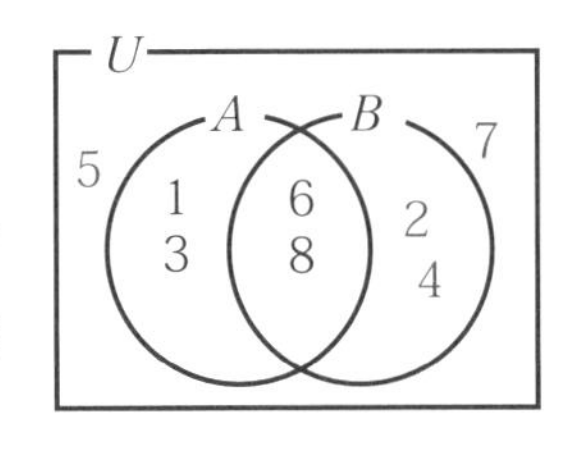

集合$\overline{A}\cap B$は，$\overline{A}$とBの共通部分ですから，$\overline{A}$とBのどちらにも属する要素全体の集合です。

$\overline{A}\cap B=\{$2, 4$\}$

集合

範囲をはっきりさせたものの集まりを**集合**といいます。

空集合

要素を1つももたない集合を**空集合**といい，ϕで表します。

和集合

集合AとBの少なくとも一方に属する要素全体の集合を，AとBの**和集合**といい，$A\cup B$と表します。

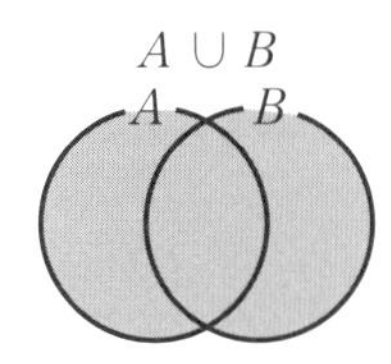

共通部分

集合AとBのどちらにも属する要素全体の集合を，AとBの**共通部分**といい，$A\cap B$と表します。

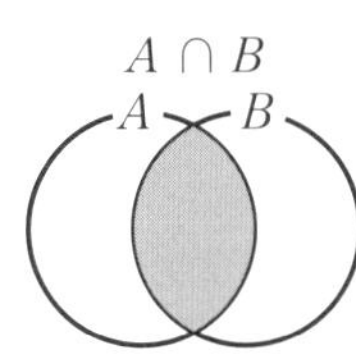

全体集合と補集合

集合を考えるとき，すべての要素をふくむ集合をUとして考えます。この集合Uを**全体集合**といいます。また，全体集合Uの部分集合Aに属さないUの要素全体の集合をAの**補集合**といい，$\overline{A}$と書きます。

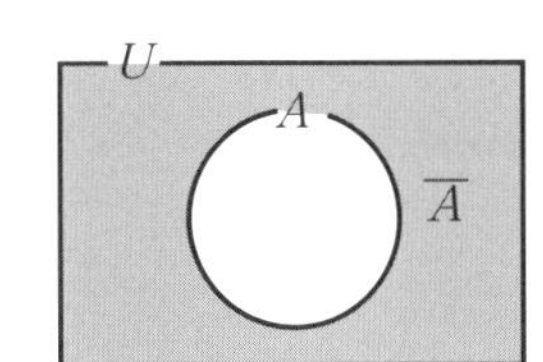

第3回 2次 数理技能

1 3%の食塩水 ag と x%の食塩水 bg を混ぜたら，5%の食塩水ができました。このとき，次の問いに答えなさい。

□ (1) x を用いて，$a:b$ を表しなさい。この問題は答えだけを書いてください。 (表現技能)

《食塩の濃度》

3%の食塩水 ag にふくまれる食塩の量は，$a \times \boxed{\frac{3}{100}} = \boxed{\frac{3a}{100}}$(g)

x%の食塩水 bg にふくまれる食塩の量は，$b \times \boxed{\frac{x}{100}} = \boxed{\frac{bx}{100}}$(g)

5%の食塩水 $(a+b)$g にふくまれる食塩の量は，

$$(a+b) \times \boxed{\frac{5}{100}} = \boxed{\frac{5(a+b)}{100}} \text{(g)}$$

したがって，

$$\boxed{\frac{3a}{100}} + \boxed{\frac{bx}{100}} = \boxed{\frac{5(a+b)}{100}}$$

食塩の量は等しい。

両辺に 100 をかけると，

$$3a + bx = \boxed{5a + 5b}$$

$$2a = (\boxed{x-5})\boxed{b}$$

よって，$a:b = \boxed{(x-5)}:\boxed{2}$

答 $\boxed{(x-5):2}$

□ (2) 混ぜる量を逆にしたら，6%の食塩水ができるとき，x の値を求めなさい。

《食塩の濃度》

問題文より，3%の食塩水 bg と x%の食塩水 ag を混ぜると，6%の食塩水ができます。① したがって，

$$\boxed{\frac{3b}{100}}+\boxed{\frac{ax}{100}}=\boxed{\frac{6(a+b)}{100}}$$

食塩の量は等しい。

両辺に 100 をかけると,

$$3b+ax=\boxed{6a+6b}$$

$$(\boxed{x-6})\boxed{a}=3b$$

よって, $a:b=\boxed{3}:\boxed{(x-6)}$

(1) より, $a:b=(x-5):2$ ですから,

$$(x-5):2=\boxed{3}:\boxed{(x-6)}$$

外項の積
＝内項の積 より

したがって,

$$(x-5)(x-6)=\boxed{6}$$

$$\boxed{x^2-11x+24}=0$$

左辺を因数分解すると,

$$(\boxed{x-3})(\boxed{x-8})=0$$

よって, $x=\boxed{3},\ \boxed{8}$

問題文より, $x>6$ ですから, $x=\boxed{8}$
①より

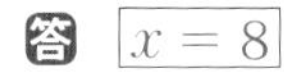

答 $\boxed{x=8}$

食塩水の濃度

食塩の量＝食塩水の量×$\frac{濃度(\%)}{100}$

濃度(%)＝食塩の量÷食塩水の量×100

食塩水の量＝食塩の量÷$\frac{濃度(\%)}{100}$

ワンポイント・アドバイス

(1) も (2) も, 混ぜる前の食塩の量と混ぜた後の食塩の量が等しいことに着目して式をつくります。

(2) では, 3%の食塩水に x%の食塩水を混ぜると, 3%より濃い 6%の食塩水ができるので, $x>6$ になります。

2 次の問いに答えなさい。

□ (3) n を正の整数とします。n^3+2n+2 を 3 でわった余りは 2 であることを証明しなさい。 （証明技能）

《整数の性質》 

n^3+2n+2 を 3 でわった余りが 2 であることを証明するには，n^3+2n+2 が 3 ×(整数)＋2 という形で表されることを示せばよいので，n を 3 でわったときの余りで場合分けをします。

① 余りが 0 のとき

$n=3m$（m は整数）と表せる。

このとき，

$$\begin{aligned} n^3+2n+2 &= (\boxed{3m})^3+2(\boxed{3m})+2 \\ &= \boxed{27m^3+6m+2} \\ &= 3(\boxed{9m^3+2m})+2 \\ &= 3A+2 \quad (A \text{ は整数}) \end{aligned}$$

② 余りが 1 のとき

$n=\boxed{3m+1}$（m は整数）と表せる。

このとき，

$$\begin{aligned} n^3+2n+2 &= (\boxed{3m+1})^3+2(\boxed{3m+1})+2 \\ &= \boxed{27m^3+27m^2}+9m+1+6m+2+2 \\ &= \boxed{27m^3+27m^2}+15m+5 \\ &= 3(\boxed{9m^3+9m^2+5m+1})+2 \\ &= 3B+2 \quad (B \text{ は整数}) \end{aligned}$$

③ 余りが 2 のとき

$n=\boxed{3m+2}$（m は整数）と表せる。

このとき，

$$\begin{aligned} n^3+2n+2 &= (\boxed{3m+2})^3+2(\boxed{3m+2})+2 \\ &= \boxed{27m^3+54m^2}+36m+8+6m+4+2 \end{aligned}$$

$= \boxed{27m^3 + 54m^2} + 42m + 14$

$= 3(\boxed{9m^3 + 18m^2 + 14m + 4}) + 2$

$= 3C + 2$ （C は整数）

以上のことから，いずれの場合も

$$n^3 + 2n + 2 = 3 \times (\text{整数}) + 2$$

の形で表される。

したがって，$n^3 + 2n + 2$ を 3 でわった余りは 2 になる。

整数の表し方

整数全体は，1つの整数 a をもとにすると，am，$am + 1$，$am + 2$，……，$am + (a - 1)$（m は整数）と表すことができます。

例　3でわったときの余りによって，正の整数は，3つのグループ $3m$，$3m + 1$，$3m + 2$（m は整数）に分けることができます。

3　**次の問いに答えなさい。**

□**(4)　48 以下の異なる 3 つの素数を a, b, c $(a < b < c)$ とします。このとき，$a + b + c = 48$ となる a，b，c の組は何組ありますか。この問題は答えだけを書いてください。**

《整数の性質》

48 以下の素数は次のとおりです。

2，3，5，7，11，13，17，19，23，29，31，37，41，43，47

$a < b < c$ かつ素数，また $a + \underline{b + c} = 48$ より，a は偶数の素数で 2，また b，c は奇数の素数であることがわかります。
（$b + c$ は偶数だから a は偶数）

$a = 2$ ですから，$b + c = \boxed{46}$ となる素数の組を考えます。

$(b,\ c) = (3,\ 43)$，$(\boxed{5,\ 41})$，$(\boxed{17,\ 29})$

の 3 通りあります。

したがって，a，b，c の組は，

$(a,\ b,\ c)=(\boxed{2,\ 3,\ 43}),\ (\boxed{2,\ 5,\ 41}),\ (\boxed{2,\ 17,\ 29})$

の３組あります。

答 3組

素数

1とそれ自身以外に正の約数をもたない数を素数といいます。1は素数にふくまれません。

4 2次関数 $y=-2x^2+8x+k$（k は定数）について，次の問いに答えなさい。

□（5） 上の2次関数の頂点の座標を求めなさい。この問題は答えだけを書いてください。

《2次関数》

$y=-2x^2+8x+k$

$=-2(\boxed{x^2-4x})+k$

$=-2(x^2-4x+\boxed{4}-\boxed{4})+k$

$=-2\{(x-\boxed{2})^2-4\}+k$

$=-2(x-\boxed{2})^2+k+\boxed{8}$

$x^2+ax=\left(x+\dfrac{a}{2}\right)^2-\left(\dfrac{a}{2}\right)^2$ の形に変形

$a(x-p)^2+q$ の形に変形

したがって，頂点の座標は，$(\boxed{2},\ \boxed{k+8})$

答 $(2,\ k+8)$

□（6） $1\leqq x\leqq 5$ における最小値が6となる k の値を定めなさい。また，このときの頂点の座標を求めなさい。

《2次関数》

（5）から，$y=-2x^2+8x+k$ のグラフの軸は，$x=2$

軸が範囲の中央より左側にあるので，図のように，$1\leqq x\leqq 5$ の範囲では $x=\boxed{5}$ のとき最小になります。

最小値は，$y = -2 \times 5^2 + 8 \times 5 + k$
$= \boxed{6}$ですから，

$-10 + k = \boxed{6} \quad k = \boxed{16}$

このとき，頂点の座標は（5）より，
$(2,\ \boxed{16} + 8) = (2,\ \boxed{24})$

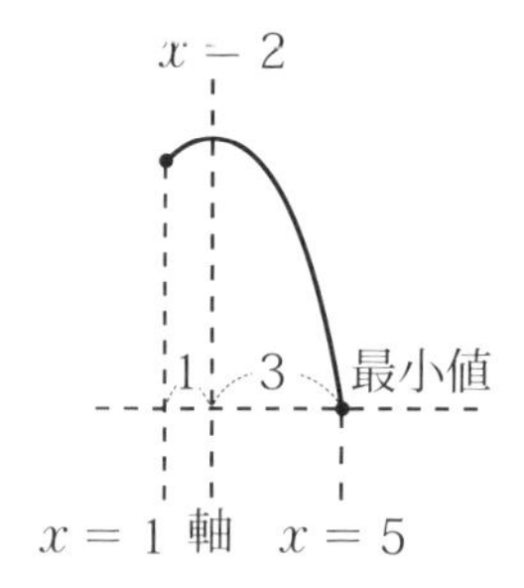

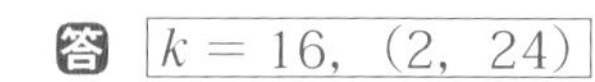

2次関数の最大と最小

2次関数 $y = ax^2 + bx + c$ は，$y = a(x - p)^2 + q$ の形に表すことができ，最大値，最小値について次のことがいえます。

$a > 0$ のとき，$x = p$ で**最小値** q をとり，最大値はない。

$a < 0$ のとき，$x = p$ で**最大値** q をとり，最小値はない。

定義域に制限がある場合の最大・最小

例　$y = x^2 - 4x + 7 \quad (0 \leqq x \leqq 5)$
の最大値と最小値

$y = (x - 2)^2 + 3 \ (0 \leqq x \leqq 5)$
と変形してグラフをかきます。

グラフは右の図の実線の部分です。

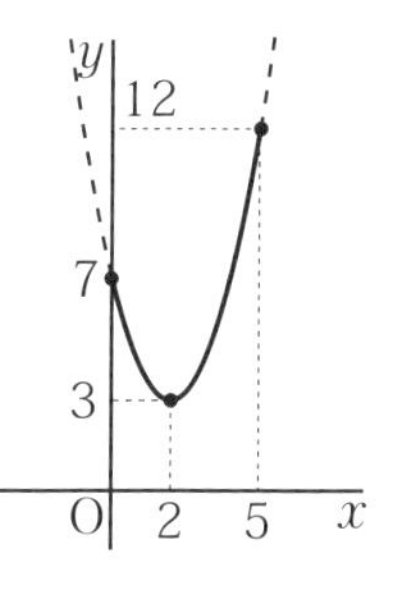

したがって，この関数は
$x = 5$ で　最大値 12 をとります。
$x = 2$ で　最小値 3 をとります。

5 次の問いに答えなさい。

□ (7) △ABCにおいて，AB = 7，BC = 13，CA = 8のとき，△ABCの面積を求めなさい。 （測定技能）

余弦定理を用いると，

$$\cos A = \boxed{\frac{7^2 + 8^2 - 13^2}{2 \times 7 \times 8}} = \frac{49 + 64 - 169}{2 \times 7 \times 8} = -\frac{56}{2 \times 7 \times 8}$$

$$= \boxed{-\frac{1}{2}}$$

となるから，$\angle A = \boxed{120^\circ}$

したがって，

$$\triangle ABC = \frac{1}{2} \times \boxed{7} \times \boxed{8} \times \boxed{\sin 120^\circ} = \frac{1}{2} \times 7 \times 8 \times \boxed{\frac{\sqrt{3}}{2}}$$

$= \boxed{14\sqrt{3}}$ ……答

ワンポイント・アドバイス

∠Aの大きさが求められない場合は，$\cos A$ の値と $\sin^2 A + \cos^2 A = 1$ から $\sin A$ の値を計算して，面積を求めます。

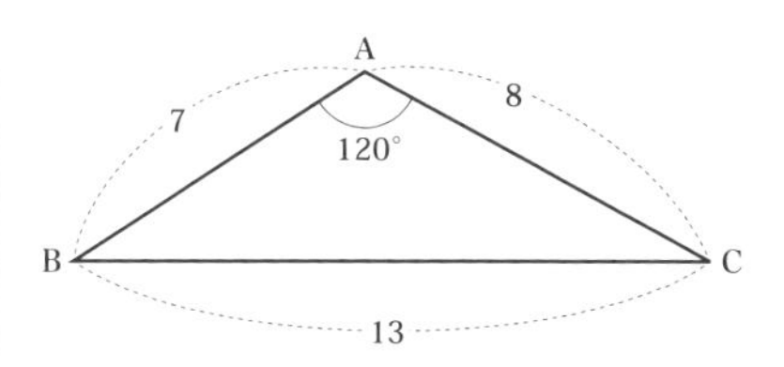

ヘロンの公式を用いると，$s = \frac{\boxed{7 + 13 + 8}}{2} = \boxed{14}$ より，

$$\triangle ABC = \sqrt{s(s - \boxed{7})(s - \boxed{13})(s - \boxed{8})}$$

$$= \sqrt{14(14 - 7)(14 - 13)(14 - 8)}$$

$$= \sqrt{14 \times 7 \times 1 \times 6}$$

$$= \sqrt{\boxed{2^2 \times 3 \times 7^2}}$$

$$= \boxed{2 \times 7\sqrt{3}} = \boxed{14\sqrt{3}}$$

 $\boxed{14\sqrt{3}}$

問題 ◀◀ p.39

三角形の面積

△ABCの面積をSとすると,

$$S=\frac{1}{2}bc\sin A=\frac{1}{2}ca\sin B$$
$$=\frac{1}{2}ab\sin C$$

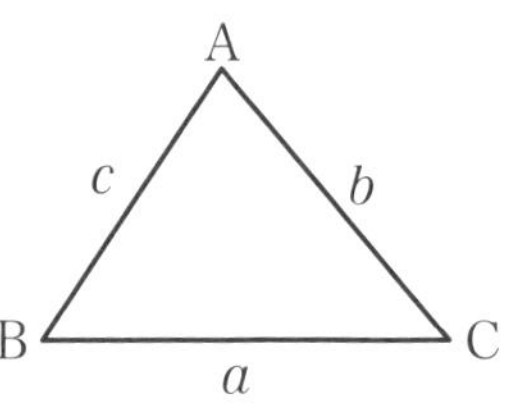

ヘロンの公式

$$S=\sqrt{s(s-a)(s-b)(s-c)}$$

ただし, $s=\dfrac{a+b+c}{2}$

6 白玉1個,赤玉3個が入っている袋から玉を1個取り出し,色を調べてからもとに戻すことを4回続けて行います。このとき,次の問いに答えなさい。

□(8) 白玉がちょうど2回出る確率を求めなさい。

《確率》 

1回の試行で,白玉が出る確率は$\boxed{\frac{1}{4}}$,赤玉が出る確率は$\boxed{\frac{3}{4}}$ですから,

白玉がちょうど2回出る確率は

$$\boxed{{}_4C_2\left(\frac{1}{4}\right)^2\left(\frac{3}{4}\right)^2}=\frac{4\times3}{2\times1}\times\frac{1}{16}\times\frac{9}{16}=\boxed{\frac{27}{128}}$$

 $\boxed{\dfrac{27}{128}}$

□(9) 4回目に2度目の白玉が出る確率を求めなさい。

《確率》 

4回目に2度目の白玉が出るとは,3回目までに白玉が1回出て,4回目にも白玉が出ることです。3回目までに白玉が1回出る確率は,

$$\boxed{{}_3C_1\left(\frac{1}{4}\right)^1\left(\frac{3}{4}\right)^2} = 3\times\frac{1}{4}\times\frac{9}{16} = \boxed{\frac{27}{64}}$$

ですから，求める確率は，$\boxed{\frac{27}{64}}\times\frac{1}{4} = \boxed{\frac{27}{256}}$ 答 $\boxed{\frac{27}{256}}$

7 次の問いに答えなさい。

□ (10) x，y，z は正の整数で，等式 $\frac{x}{4}+\frac{y}{3}+\frac{z}{2}=2$ が成り立っています。このとき，x，y，z の値をそれぞれ求めなさい。この問題は答えだけを書いてください。

解説・解答 《整数の問題》

x，y，z は正の整数ですから，

$$\frac{x}{4}+\frac{y}{3} \geqq \frac{1}{4}+\frac{1}{3} = \frac{7}{12}$$

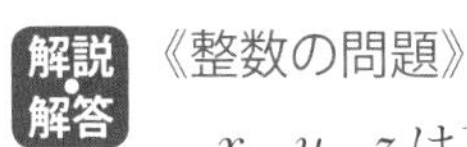

より，

$$\frac{x}{4}+\frac{y}{3} \geqq \boxed{\frac{7}{12}} \quad \cdots\cdots①$$

また，$\frac{x}{4}+\frac{y}{3}+\frac{z}{2}=2$ ですから，

$$\frac{x}{4}+\frac{y}{3} = 2-\frac{z}{2}$$

まず，①の条件から z の値を求めます。

この式を①に代入すると，

$$2-\frac{z}{2} \geqq \boxed{\frac{7}{12}}$$

これを解くと，　$\frac{z}{2} \leqq \boxed{\frac{17}{12}}$　$z \leqq \boxed{\frac{17}{6}}$

$$\frac{17}{6} = 2+\boxed{\frac{5}{6}}$$

したがって，$z=1$，または $z=2$ であることがわかります。

（ｉ） $z=1$ のとき

$$\frac{x}{4}+\frac{y}{3}+\boxed{\frac{1}{2}} = 2$$

$$\frac{x}{4}+\frac{y}{3}=\boxed{\frac{3}{2}}$$

$$3x+4y=\boxed{18}$$

この式で，整数 $3x$，$\boxed{18}$ は，ともに 3 の倍数ですから，$4y$ も 3 の倍数であることがわかります。

したがって，$y=3$ とおけば，$x=\boxed{2}$ となるので，正の整数 x，y，z が存在します。

（ii） $z=2$ のとき

$$\frac{x}{4}+\frac{y}{3}+\boxed{\frac{2}{2}}=2$$

$$\frac{x}{4}+\frac{y}{3}=\boxed{1}$$

$$3x+4y=\boxed{12}$$

この式を満たす正の整数 x，y はありません。

答 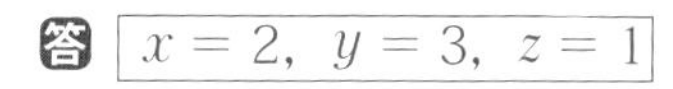

$x=2,\ y=3,\ z=1$

第4回 1次 計算技能

1 次の問いに答えなさい。

□ (1) 次の式を展開して計算しなさい。

$$(x+3)^2-(x-1)(x-3)$$

《多項式の計算》

$(x+3)^2-(x-1)(x-3)$

$=x^2+2\times x\times 3+3^2-(x^2-3x-x+3)$　← 乗法公式と分配法則を用います。

$=x^2+6x+9-x^2+4x-3$　← かっこをはずします。

$=\boxed{10x+6}$ ……答　← 同類項をまとめます。

乗法公式

$$(a+b)^2=a^2+2ab+b^2$$
$$(a-b)^2=a^2-2ab+b^2$$
$$(a+b)(a-b)=a^2-b^2$$

□ (2) 次の式を因数分解しなさい。

$$12x^2y^3-27y$$

《因数分解》

$12x^2y^3-27y$

$=3y(4x^2y^2-9)$　← 共通因数 $3y$ でくくります。

$=3y\{(2xy)^2-3^2\}$

$=\boxed{3y(2xy+3)(2xy-3)}$ ……答　← $a^2-b^2=(a+b)(a-b)$ より

因数分解の公式

$$ma + mb = m(a + b)$$
$$a^2 + 2ab + b^2 = (a + b)^2$$
$$a^2 - 2ab + b^2 = (a - b)^2$$
$$a^2 - b^2 = (a + b)(a - b)$$
$$x^2 + (a + b)x + ab = (x + a)(x + b)$$

□ (3)　次の方程式を解きなさい。

$$x^2 + 6x - 16 = 0$$

《2 次方程式》

$$x^2 + 6x - 16 = 0$$

左辺を因数分解すると,

$$(x + \boxed{8})(x - \boxed{2}) = 0$$

$\boxed{x + 8} = 0$ または $\boxed{x - 2} = 0$

$x = \boxed{-8}, \boxed{2}$

 $\boxed{x = -8,\ 2}$

積が－ 16 になる 2 つの数の組の中から，和が 6 になる数を見つけます。

2 次方程式の解の表し方は，$x = -8$，$x = 2$ のように示すか，省略して上記のように $x = -8$，2 のように示します。

2 次方程式の因数分解による解き方

(2 次式) = 0 の形の 2 次方程式で，左辺が因数分解できるときは，

$AB = 0$　ならば　$A = 0$ または $B = 0$

として解くことができます。

例　$x^2 - 3x - 10 = 0 \to (x + 2)(x - 5) = 0$

$\to$　$x + 2 = 0$ または $x - 5 = 0 \to$　$x = -2,\ 5$

□ (4)　次の計算をしなさい。

$$(\sqrt{2}+\sqrt{7})^2-\sqrt{56}$$

《平方根の計算》

$(\sqrt{2}+\sqrt{7})^2-\sqrt{56}$

$=(\sqrt{2})^2+2\times\boxed{\sqrt{2}}\times\boxed{\sqrt{7}}+(\sqrt{7})^2-\sqrt{\boxed{4}\times\boxed{14}}$

$=2+\boxed{2\sqrt{14}}+7-\boxed{2\sqrt{14}}$

$=\boxed{9}$ ……答

（$(a+b)^2=a^2+2ab+b^2$ より）
（$\sqrt{m^2a}=m\sqrt{a}$）

平方根の計算

$a>0$, $b>0$, $m>0$ のとき,

$$\ell\sqrt{a}+m\sqrt{a}=(\ell+m)\sqrt{a}$$

$$\ell\sqrt{a}-m\sqrt{a}=(\ell-m)\sqrt{a}$$

$$\sqrt{a}\times\sqrt{b}=\sqrt{ab}$$

$$\sqrt{m^2a}=m\sqrt{a}$$

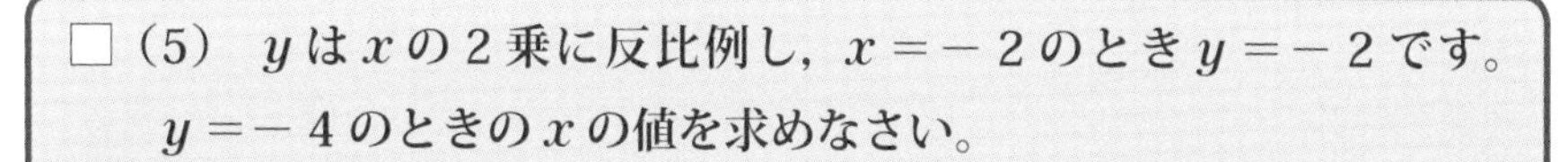

□ (5)　y は x の 2 乗に反比例し, $x=-2$ のとき $y=-2$ です。$y=-4$ のときの x の値を求めなさい。

《比例と反比例》

y が x の 2 乗に反比例するとき, $y=\dfrac{a}{x^2}$（a は比例定数）と表すことができます。

$x=-2$ のとき, $y=-2$ ですから,

$$\boxed{-2}=\frac{a}{(-2)^2}$$

$$\boxed{-2}=\frac{a}{4}$$

したがって,　$a=\boxed{-8}$

式は,　$y=\boxed{-\dfrac{8}{x^2}}$

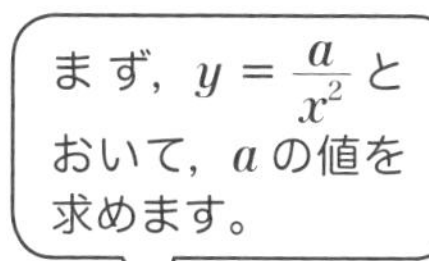

まず, $y=\dfrac{a}{x^2}$ とおいて, a の値を求めます。

この式に $y=-4$ を代入すると，

$$\boxed{-4}=-\frac{8}{x^2}$$

$$x^2=\boxed{2}$$

$$x=\boxed{\pm\sqrt{2}}$$

答 $\boxed{x=\pm\sqrt{2}}$

比例と反比例

y は x に比例　→　$y=ax$

y は x に反比例　→　$y=\dfrac{a}{x}$

y は x^2 に比例　→　$y=ax^2$

y は x^2 に反比例　→　$y=\dfrac{a}{x^2}$

2 **次の問いに答えなさい。**

□ **(6)　1 辺の長さが 3cm，4cm，5cm の直方体があります。この直方体の対角線の長さを求めなさい。**

《三平方の定理》

次の図の△ FGH において三平方の定理を用いると，

$$FH^2=FG^2+GH^2$$

$$FH^2=\boxed{3}^2+\boxed{4}^2=\boxed{25}$$

FH ＞ 0 ですから，FH ＝ 5

△ BFH に三平方の定理を用いると，

$$BH^2=BF^2+FH^2$$

$$BH^2=\boxed{5}^2+\boxed{5}^2=\boxed{50}$$

BH ＞ 0 ですから，$BH=\boxed{5\sqrt{2}}$

 $\boxed{5\sqrt{2}\ \text{cm}}$

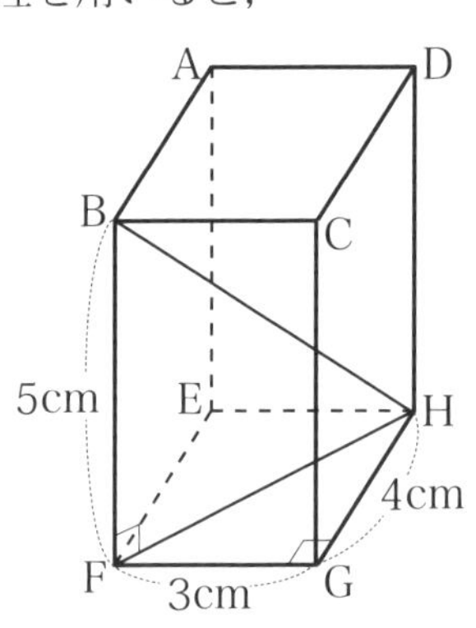

三平方の定理

直角三角形の直角をはさむ2辺の長さを a, b とし，斜辺の長さを c とすると，次の関係が成り立ちます。

$$a^2 + b^2 = c^2$$

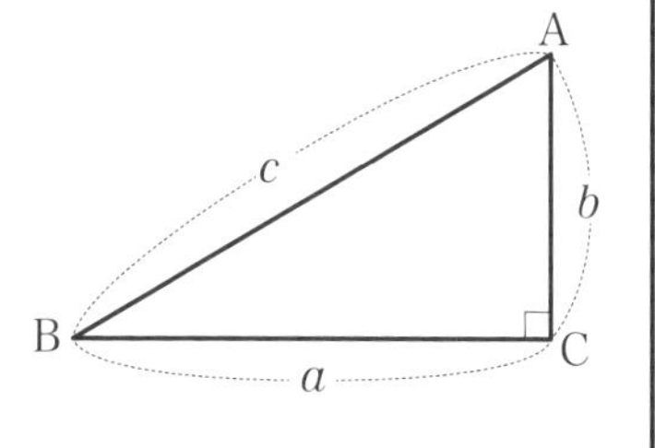

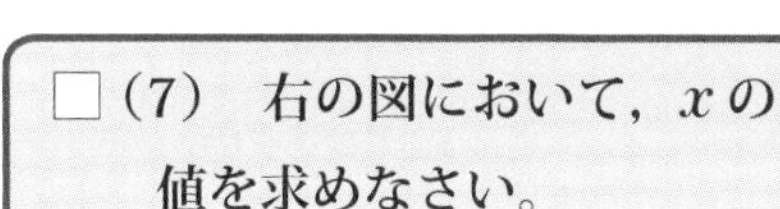

□(7)　右の図において，x の値を求めなさい。

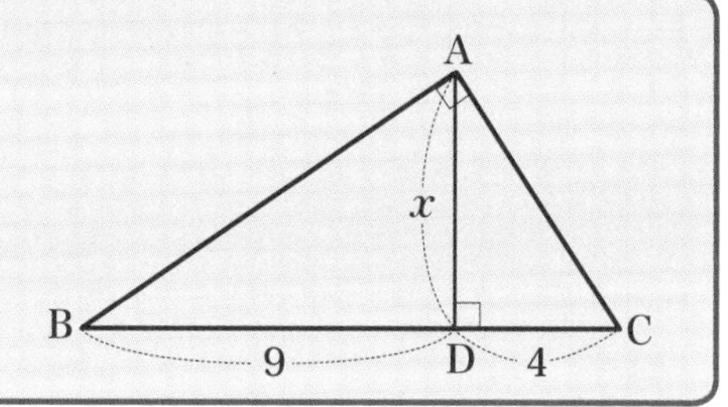

《相似な図形》

△ABD と△CAD において，

$\angle$BDA ＝$\angle$ADC ＝ 90°

$\angle$ABD ＝ 90° －$\angle$DCA ＝$\angle$CAD

2組の角がそれぞれ等しいから，

△ABD ∽△CAD

図の中の3つの直角三角形は，すべて相似ですね。

したがって，

BD：AD ＝ AD：CD

9：x ＝ x：4

よって，　x^2 ＝ 36

$x > 0$ ですから，　x ＝ 6

　x ＝ 6

三角形の相似条件

２つの三角形は，次のいずれかが成り立つとき相似であるといいます。

① ３組の辺の比がすべて等しい。

② ２組の辺の比が等しく，その間の角が等しい。

③ ２組の角がそれぞれ等しい。

相似な図形の性質

① 相似な図形では，対応する線分の長さの比はすべて等しい。

② 相似な図形では，対応する角の大きさはすべて等しい。

□ (8) 次の式を展開して計算しなさい。

$$(2x-1)(4x^2+2x+1)$$

《多項式の計算》

$(2x-1)(4x^2+2x+1)$

$=(2x-1)\{(2x)^2+2x\times1+1^2\}$

$=(2x)^3-1^3$

$=\boxed{8x^3-1}$ ……答

乗法公式
$(a-b)(a^2+ab+b^2)$
$=a^3-b^3$ において，
$a=2x$, $b=1$ とします。

$(2x-1)(4x^2+2x+1)$

$=\boxed{8x^3+4x^2+2x}-4x^2-2x-1$

$=\boxed{8x^3-1}$ ……答

分配法則を用います。

あてはまる乗法公式
を思い出しましょう。

乗法公式

$$(a+b)^3 = a^3 + 3a^2b + 3ab^2 + b^3$$
$$(a-b)^3 = a^3 - 3a^2b + 3ab^2 - b^3$$
$$(a+b)(a^2 - ab + b^2) = a^3 + b^3$$
$$(a-b)(a^2 + ab + b^2) = a^3 - b^3$$
$$(a+b+c)^2 = a^2 + b^2 + c^2 + 2ab + 2bc + 2ca$$

□ (9) 次の式を因数分解しなさい。

$$2a(4a^2 + 6ab + 3b^2) + b^3$$

《因数分解》

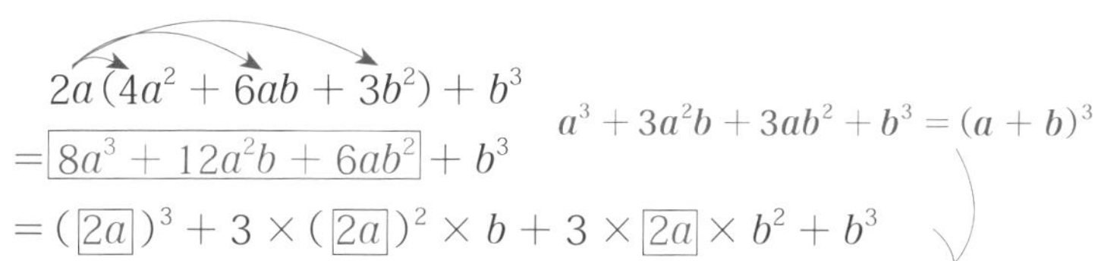

$$2a(4a^2 + 6ab + 3b^2) + b^3$$
$$= \boxed{8a^3 + 12a^2b + 6ab^2} + b^3$$
$$= (\boxed{2a})^3 + 3 \times (\boxed{2a})^2 \times b + 3 \times \boxed{2a} \times b^2 + b^3$$
$$= \boxed{(2a+b)^3}$$ ……答

$a^3 + 3a^2b + 3ab^2 + b^3 = (a+b)^3$

因数分解の公式

$$a^3 + b^3 = (a+b)(a^2 - ab + b^2)$$
$$a^3 - b^3 = (a-b)(a^2 + ab + b^2)$$
$$a^3 + 3a^2b + 3ab^2 + b^3 = (a+b)^3$$
$$a^3 - 3a^2b + 3ab^2 - b^3 = (a-b)^3$$
$$acx^2 + (ad + bc)x + bd = (ax+b)(cx+d)$$

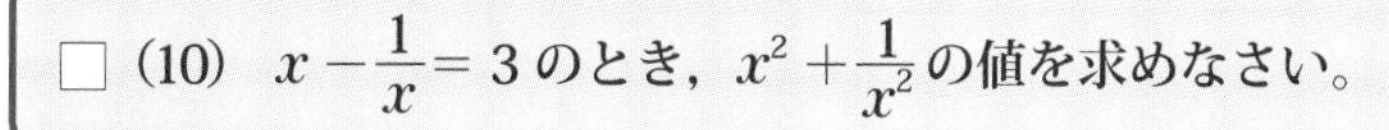

□ (10) $x - \dfrac{1}{x} = 3$ のとき，$x^2 + \dfrac{1}{x^2}$ の値を求めなさい。

《式の値》

$$x - \frac{1}{x} = 3$$

両辺を 2 乗すると，$\left(x - \dfrac{1}{x}\right)^2 = 3^2$

両辺を 2 乗して変形すると，$x^2 + \dfrac{1}{x^2}$ の式が現れますね。

$$x^2 - 2 \times x \times \frac{1}{x} + \left(\boxed{\frac{1}{x}}\right)^2 = 9$$

$$\boxed{x^2} - \boxed{2} + \boxed{\frac{1}{x^2}} = 9$$

$$x^2 + \frac{1}{x^2} = \boxed{11}$$ ……

式の値

$x \pm \frac{1}{x} = a$ から，$x^2 + \frac{1}{x^2}$ の値を求めるときは，

$x \pm \frac{1}{x} = a$ の両辺を 2 乗して求めます。

3 **次の問いに答えなさい。**

□ **(11)　2 次関数 $y = x^2 - 6x + 11$ $(-1 \leqq x \leqq 2)$ の最小値を求めなさい。**

解説・解答 《2 次関数》

$y = x^2 - 6x + 11$

$= (x - \boxed{3})^2 - \boxed{3}^2 + 11$

$= (x - \boxed{3})^2 + \boxed{2}$

$x^2 + kx = \left(x + \frac{k}{2}\right)^2 - \left(\frac{k}{2}\right)^2$ の形に変形

グラフの軸は，$x = 3$ となるから，

$-1 \leqq x \leqq 2$ の範囲では，

$x = \boxed{2}$ のとき最小になります。

最小値は，

$y = (\boxed{2} - 3)^2 + 2$

$= 1 + 2$

$= \boxed{3}$

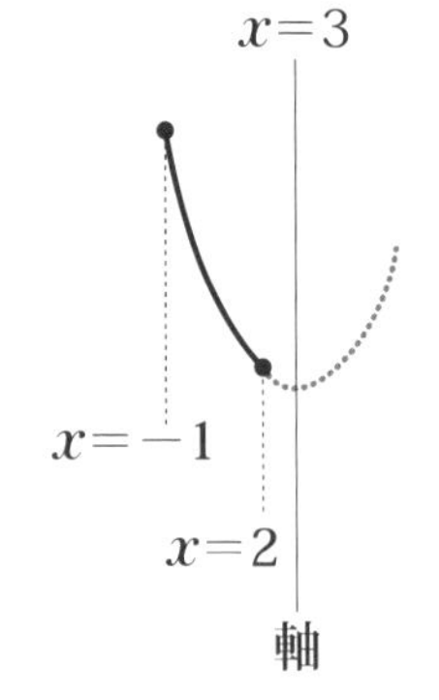

2次関数の最大と最小

2次関数 $y = ax^2 + bx + c$ は，$y = a(x - p)^2 + q$ の形に表すことができ，最大値，最小値について次のことがいえます。

$a > 0$ のとき，$x = p$ で**最小値** q をとり，最大値はない。

$a < 0$ のとき，$x = p$ で**最大値** q をとり，最小値はない。

定義域に制限がある場合の最大・最小

例 $y = x^2 - 6x + 12 \quad (0 \leqq x \leqq 5)$ の最大値と最小値

$y = (x - 3)^2 + 3 \ (0 \leqq x \leqq 5)$ と変形してグラフをかきます。

グラフは右の図の実線の部分です。

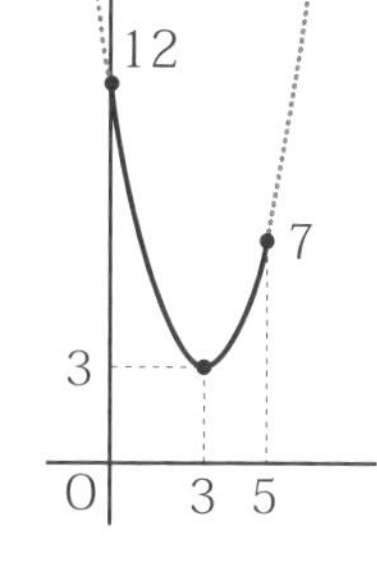

したがって，この関数は

$x = 0$ で　最大値12をとります。

$x = 3$ で　最小値3をとります。

□ (12)　2次不等式 $2x^2 + 5x - 12 > 0$ を解きなさい。

《2次不等式》

2次方程式 $2x^2 + 5x - 12 = 0$ を解くと，

$(\boxed{2x - 3})(x + 4) = 0$

$x = \boxed{-4}$，$\boxed{\dfrac{3}{2}}$

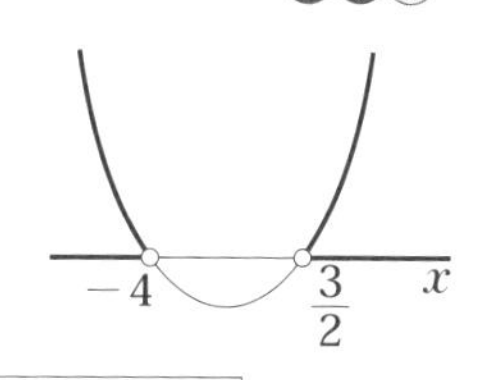

したがって，2次不等式の解は，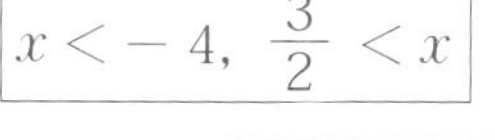 $\boxed{x < -4,\ \dfrac{3}{2} < x}$

 $\boxed{x < -4,\ \dfrac{3}{2} < x}$

ワンポイント・アドバイス

$2x^2+5x-12=0$ の因数分解

公式 $acx^2+(ad+bc)x+bd=(ax+b)(cx+d)$ において，$ac=2$，$ad+bc=5$，$bd=-12$ となる a，b，c，d を，次のようにして見つけます。

2	-3	──→	-3
1	4	──→	8
2	-12	──→	5

2 次不等式

$a>0$ で，2 次方程式 $ax^2+bx+c=0$ が異なる 2 つの実数解 $x=\alpha$，β（$\alpha<\beta$）をもつとき，

$ax^2+bx+c>0$ の解は，$x<\alpha$，$\beta<x$

$ax^2+bx+c\geqq 0$ の解は，$x\leqq\alpha$，$\beta\leqq x$

$ax^2+bx+c<0$ の解は，$\alpha<x<\beta$

$ax^2+bx+c\leqq 0$ の解は，$\alpha\leqq x\leqq\beta$

□ (13)　大小 2 つのさいころを同時に投げるとき，出る目の数の積が 12 の約数となる確率を求めなさい。

《確率》

右のような表をつくって調べます。目の出方は全部で 36 通りで，12 の約数は，1，2，3，4，6，12 です。

目の積が 12 の約数になるのは，右の○印の場合で，全部で 16 通りです。したがって，求める確率は，

$$\frac{16}{36}=\frac{4}{9}$$

大＼小	1	2	3	4	5	6
1	①	②	③	④	5	⑥
2	②	④	⑥	8	10	⑫
3	③	⑥	9	⑫	15	18
4	④	8	⑫	16	20	24
5	5	10	15	20	25	30
6	⑥	⑫	18	24	30	36

出る目の数の積

答　$\frac{4}{9}$

□ (14)　$90^\circ < \theta < 180^\circ$とします。$\sin\theta = \dfrac{3}{4}$のとき，次の問いに答えなさい。

① $\cos\theta$の値を求めなさい。

② $\tan\theta$の値を求めなさい。

《三角比》

①三角比の相互関係 $\sin^2\theta + \cos^2\theta = 1$ より，

$$\cos^2\theta = 1 - \sin^2\theta = 1 - \left(\boxed{\frac{3}{4}}\right)^2 = \boxed{\frac{7}{16}}$$

$90^\circ < \theta < 180^\circ$より，$\cos\theta < 0$ですから，

$$\cos\theta = -\sqrt{\boxed{\frac{7}{16}}} = \boxed{-\frac{\sqrt{7}}{4}}$$ ……答

②三角比の相互関係 $\tan\theta = \dfrac{\sin\theta}{\cos\theta}$より，

$$\tan\theta = \frac{3}{4} \div \left(\boxed{-\frac{\sqrt{7}}{4}}\right) = \boxed{\frac{3}{4}} \times \left(\boxed{-\frac{4}{\sqrt{7}}}\right)$$

$$= -\boxed{\frac{3}{\sqrt{7}}}$$

分母を有理化します。

$$= \boxed{-\frac{3\sqrt{7}}{7}}$$ ……答

三角比の相互関係

$$\tan\theta = \frac{\sin\theta}{\cos\theta}$$

$$\sin^2\theta + \cos^2\theta = 1$$

$$1 + \tan^2\theta = \frac{1}{\cos^2\theta}$$

3つの式をセットにしておぼえておきましょう。

□ (15)　$U = \{1,\ 2,\ 3,\ 4,\ 5,\ 6,\ 7,\ 8,\ 9\}$ を全体集合とするとき，集合 $A = \{2,\ 5,\ 6,\ 8,\ 9\}$ と集合 $B = \{1,\ 4,\ 5,\ 6,\ 9\}$ について，次の問いに答えなさい。

① 集合 $A \cap B$ を，要素を書き並べる方法で表しなさい。

② 集合 $\overline{A} \cup B$ の要素の個数を求めなさい。

《集合》

① 集合 $A \cap B$ は，A と B の共通部分で，A と B のどちらにも属する要素全体の集合です。

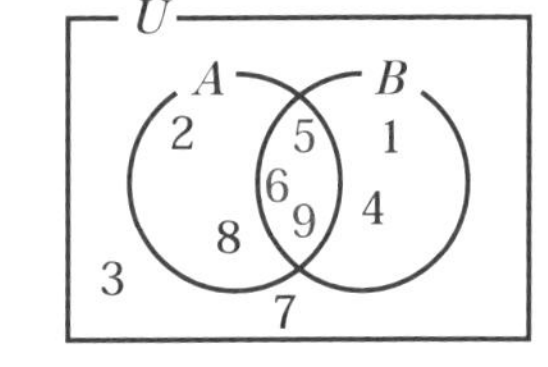

したがって，

$A \cap B = \boxed{\{5,\ 6,\ 9\}}$

答 $\boxed{\{5,\ 6,\ 9\}}$

② 集合 $\overline{A}$ は，A の補集合ですから，その要素は，全体集合 U の中で集合 A に属さない要素です。

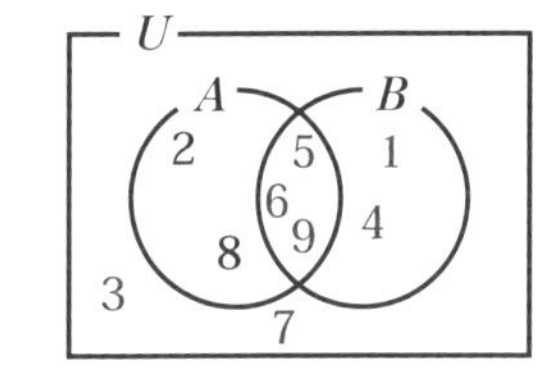

したがって，

$\overline{A} = \{\boxed{1,\ 3,\ 4,\ 7}\}$

集合 $\overline{A} \cup B$ は，$\overline{A}$ と B の和集合で，$\overline{A}$ と B の少なくとも一方に属する要素全体の集合ですから，

$\overline{A} \cup B = \{\boxed{1,\ 3,\ 4,\ 5,\ 6,\ 7,\ 9}\}$

したがって，要素の個数は $\boxed{7}$ です。

答 $\boxed{7}$

まちがえないように，図を使って考えましょう。

集合

範囲をはっきりさせたものの集まりを**集合**といいます。

空集合

要素を 1 つももたない集合を**空集合**といい，ϕで表します。

和集合

集合 A と B の少なくとも一方に属する要素全体の集合を，A と B の**和集合**といい，$A \cup B$ と表します。

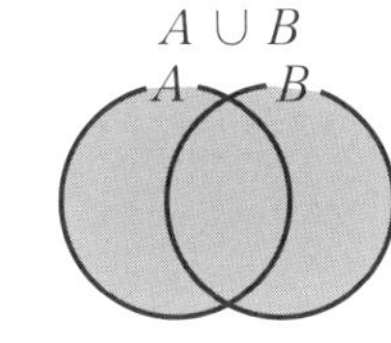

共通部分

集合 A と B のどちらにも属する要素全体の集合を，A と B の**共通部分**といい，$A \cap B$ と表します。

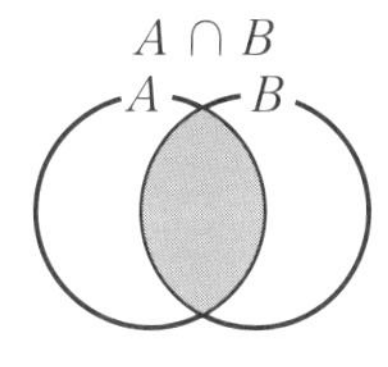

全体集合と補集合

集合を考えるとき，すべての要素をふくむ集合を U として考えます。この集合 U を**全体集合**といいます。また，全体集合 U の部分集合 A に属さない U の要素全体の集合を A の**補集合**といい，$\overline{A}$ と書きます。

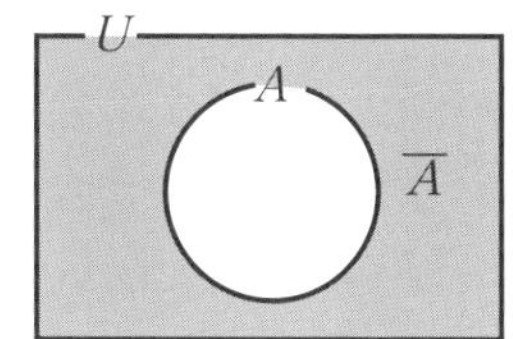

第4回 2次 数理技能

1 3台の自動車A，B，Cが，同地点から同方向に向かって一定の速度でB，A，Cの順に出発しました。AはBより5分遅れて出発し，20分後にBに追いつきました。CはAより10分遅れて出発し，30分後にBに追いつきました。このとき，次の問いに答えなさい。

□ (1) A，B，Cの分速を，x m，y m，z mとするとき，x，zをyを用いて表しなさい。 （表現技能）

《距離・速さ・時間》

AがBに追いついたとき，Aは20分間，Bは(5 + 20)分間走っています。したがって，

$$\underset{\text{Aの走った距離}}{20x} = \underset{\text{Bの走った距離}}{\boxed{25y}} \text{より，} \qquad x = \boxed{\frac{5}{4}}\, y$$

また，CがBに追いついたとき，Cは30分間，Bは（5 + 10 + 30）分間走っています。したがって，

$$\underset{\text{Cの走った距離}}{30z} = \underset{\text{Bの走った距離}}{\boxed{45y}} \text{より，} \qquad z = \boxed{\frac{3}{2}}\, y$$

答 $x = \frac{5}{4}y$，$z = \frac{3}{2}y$

各自動車が，追いつくまでに何分間走っているかに着目します。

□ (2) CがAに追いつくのは，Cが出発してから何分後ですか。

《距離・速さ・時間》

Cが出発してからa分後にAに追いついたとします。

CがAに追いついたとき，Cはa分間，Aは（10 + a）分間走っています。

したがって，

$$\underset{\text{Cの走った距離}}{\underline{az}} = \underset{\text{Aの走った距離}}{\underline{\boxed{(10+a)x}}}$$

この式に，（1）で求めた $x=\frac{5}{4}y$，$z=\frac{3}{2}y$ を代入すると，

$$\frac{3}{2}ay = \boxed{\frac{5(10+a)}{4}}y$$

$$\frac{3}{2}a = \boxed{\frac{50+5a}{4}}$$

$$6a = \boxed{50+5a}$$

$$a = \boxed{50}$$

答 50分後

距離・速さ・時間

距離＝速さ×時間

速さ＝距離÷時間

時間＝距離÷速さ

2 次の問いに答えなさい。

□（3） **3けたの自然数 n の百の位を a，十の位を b，一の位を c とする。$a+c-b$ が11の倍数のとき，n は11の倍数であることを証明しなさい。** （証明技能）

《整数の性質》

3けたの自然数 n は，

$n=\boxed{100a+10b+c}$ ……①

と表せます。

また，$a+c-b$ は11の倍数ですから，

$a+c-b=\boxed{11k}$（kは整数）

2次 第4回 解説・解答

問題◀◀p.46

すなわち，

$b = a + c - 11k$……②

②を①に代入して

$n = 100a + 10(\boxed{a + c - 11k}) + c$

$= 100a + 10a + 10c - 110k + c$

$= 110a + 11c - 110k$

$= 11(\boxed{10a + c - 10k})$

$\boxed{10a + c - 10k}$ は整数ですから，n は 11 の倍数になります。

n けたの自然数の表し方

2 けたの自然数

十の位 a，一の位 b のとき，$10a + b$

3 けたの自然数

百の位 a，十の位 b，一の位 c のとき，

$100a + 10b + c$

ワンポイント・アドバイス

ある整数 A が m の倍数であることを証明するには，
$A = m \times$（整数）の形の式で表されればよい。

3 次の問いに答えなさい。

□ (4) $\dfrac{3}{a} + \dfrac{2}{b} = 1$ を満たす正の整数 a，b の組 (a, b) をすべて求めなさい。この問題は答えだけを書いてください。

《不定方程式》 

$$\frac{3}{a} + \frac{2}{b} = 1$$

両辺に ab をかけて，分母をはらいます。

$$\boxed{3b + 2a} = ab$$

$$ab - \boxed{2a} - \boxed{3b} = 0$$

$$ab - 2a - 3b + \boxed{6} - \boxed{6} = 0$$

$$(\boxed{a - 3})(\boxed{b - 2}) - \boxed{6} = 0$$

$$(\boxed{a - 3})(\boxed{b - 2}) = \boxed{6}$$

a，b は正の整数ですから，$a - 3$ も $b - 2$ も整数になります。そこで，次のように，$a - 3 > -3$，$b - 2 > -2$ の範囲で積が 6 になる 2 つの整数の組を考えます。

ポイント
a，b は正の整数であるから。

$a - 3$	1	2	3	6
$b - 2$	6	3	2	1

↓

a	4	5	6	9
b	8	5	4	3

以上のことから，$(a, b) = (4, 8)$，$\boxed{(5, 5), (6, 4), (9, 3)}$

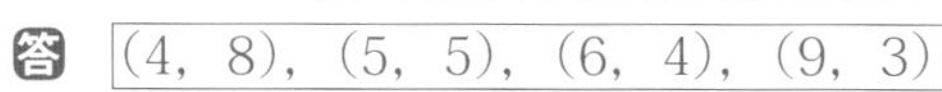

整数×整数＝整数
の形にして調べます。

4 **x の 2 次方程式 $x^2 + ax + 3a + 1 = 0$ について，解の 1 つが $2a + 1$ であるとき，次の問いに答えなさい。**

□ (5) **a の値を求めなさい。この問題は答えだけを書いてください。**

《2 次方程式》

$x^2 + ax + 3a + 1 = 0$ の解の 1 つが $2a + 1$ ですから，これを方程式に代入すると，

$$(\boxed{2a+1})^2 + a(\boxed{2a+1}) + 3a + 1 = 0$$

$$\boxed{4a^2 + 4a + 1 + 2a^2} + a + 3a + 1 = 0$$

整理すると,

$$\boxed{6a^2 + 8a} + 2 = 0$$

両辺を 2 でわると,

$$\boxed{3a^2 + 4a} + 1 = 0$$

左辺を因数分解すると,

$$(\boxed{3a+1})(\boxed{a+1}) = 0$$

よって, $a = \boxed{-\frac{1}{3}},\ \boxed{-1}$

答 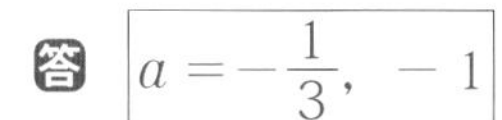

2 次方程式の因数分解による解き方

(2 次式) = 0 の形の 2 次方程式で，左辺が因数分解できるときは,

$AB = 0$　ならば　$A = 0$ または $B = 0$

として解くことができます。

□ (6)　上の方程式の $2a + 1$ 以外の解を求めなさい。

《2 次方程式》

(5) で求めた a の値を与えられた方程式に代入します。

① $a = -\frac{1}{3}$ のとき

$$x^2 - \boxed{\frac{1}{3}x} - 1 + 1 = 0$$

$$3x^2 - \boxed{x} = 0$$

$$x(\boxed{3x-1}) = 0$$

したがって, $x = \boxed{0},\ \boxed{\frac{1}{3}}$

解の1つは，$x=2a+1=\boxed{-\frac{2}{3}}+1=\boxed{\frac{1}{3}}$ですから，$2a+1$

以外の解は，$x=\boxed{0}$

② $a=-1$のとき

$$x^2-\boxed{x}-3+1=0$$
$$\boxed{x^2-x-2}=0$$
$$(\boxed{x+1})(\boxed{x-2})=0$$

よって，　$x=\boxed{-1},\ \boxed{2}$

解の1つは，$x=2a+1=\boxed{-2}+1=\boxed{-1}$ですから，

$2a+1$以外の解は，$x=\boxed{2}$

答 $a=-\frac{1}{3}$のとき$x=0$，$a=-1$のとき$x=2$

5　**1個のさいころを5回続けて投げるとき，次の問いに答えなさい。**

□（7）　3の倍数が3回以上出る確率を求めなさい。

《確率》

各回の3の倍数3，6が出る確率は，$\frac{\boxed{2}}{6}=\boxed{\frac{1}{3}}$です。

5回投げて，3の倍数が3回以上出る確率を求めるのですから，まず3回，4回，5回出る確率をそれぞれ求めます。

① 3の倍数が5回中3回出る確率

$${}_5C_3\left(\boxed{\frac{1}{3}}\right)^3\left(\boxed{\frac{2}{3}}\right)^2=\frac{5\times4}{2\times1}\times\boxed{\frac{1}{27}}\times\boxed{\frac{4}{9}}=\frac{\boxed{40}}{243}$$

② 3の倍数が5回中4回出る確率

$${}_5C_4\left(\boxed{\frac{1}{3}}\right)^4\left(\boxed{\frac{2}{3}}\right)^1=\boxed{5}\times\boxed{\frac{1}{81}}\times\boxed{\frac{2}{3}}=\boxed{\frac{10}{243}}$$

③ 3の倍数が5回中5回出る確率

$${}_5C_5\left(\boxed{\frac{1}{3}}\right)^5=\boxed{1}\times\boxed{\frac{1}{243}}=\boxed{\frac{1}{243}}$$

問題◀◁p.47

したがって，求める確率は，

$$\frac{\boxed{40}}{243}+\boxed{\frac{10}{243}}+\boxed{\frac{1}{243}}=\boxed{\frac{51}{243}}=\boxed{\frac{17}{81}}$$

答 $\boxed{\frac{17}{81}}$

反復試行の確率

1 回の試行で事象 A が起こる確率を p とします。この試行を n 回くり返して行うとき，事象 A が r 回起こる確率は，次の式で求めることができます。

$${}_n\mathrm{C}_r p^r(1-p)^{n-r}$$

ただし，${}_n\mathrm{C}_r=\dfrac{n!}{r!(n-r)!}$　${}_n\mathrm{C}_n=1$　${}_n\mathrm{C}_0=1$

6　円に内接する四角形 ABCD において，AB = 6，BC = 5，CD = 4，∠BCD = 120° のとき，次の問いに答えなさい。

（測定技能）

□ (8)　線分 BD の長さを求めなさい。この問題は答えだけを書いてください。

《三角比》

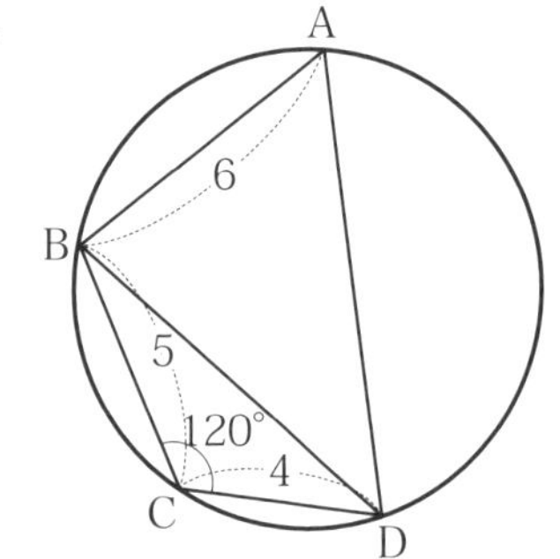

△BCD において，余弦定理を用いると，

BD^2

$=5^2+4^2-2\times5\times4\times\cos120°$

$=25+16-40\times\left(\boxed{-\frac{1}{2}}\right)$

$=\boxed{61}$

BD > 0 ですから，$\mathrm{BD}=\boxed{\sqrt{61}}$

答 $\boxed{\sqrt{61}}$

□（9） 辺 AD の長さを求めなさい。

《三角比》 

四角形 ABCD は円に内接しているから，

$$\angle \mathrm{DAB} = 180^\circ - 120^\circ = 60^\circ$$

AD $= x$ とし，△ ABD において余弦定理を用いると，

$$(\boxed{\sqrt{61}})^2 = x^2 + 6^2 - 2 \times x \times 6 \times \cos 60^\circ$$

$$\boxed{61} = x^2 + 36 - 12x \times \boxed{\frac{1}{2}}$$

$$\boxed{61} = x^2 + 36 - \boxed{6x}$$

$$\boxed{x^2 - 6x - 25} = 0$$

よって，　$x = \boxed{3 \pm \sqrt{34}}$

AD $= x > 0$ ですから，AD $= \boxed{3 + \sqrt{34}}$

 $\boxed{3 + \sqrt{34}}$

余弦定理

△ ABC において，次の式が成り立つ。

$$a^2 = b^2 + c^2 - 2bc\cos A$$
$$b^2 = c^2 + a^2 - 2ca\cos B$$
$$c^2 = a^2 + b^2 - 2ab\cos C$$

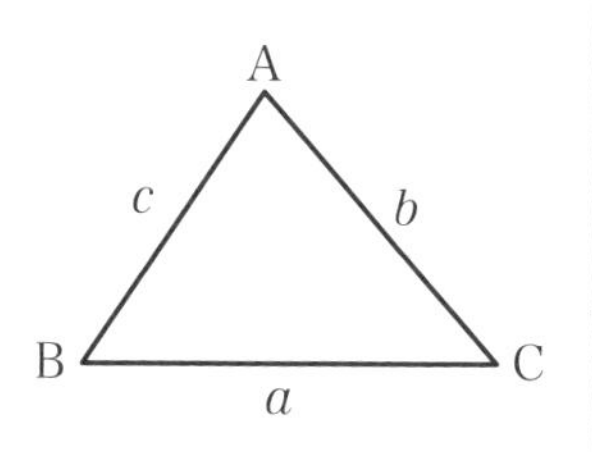

円に内接する四角形

円に内接する四角形の対角の和は 180°です。

右の図で，

$\angle \mathrm{A} + \angle \mathrm{C} = \angle \mathrm{B} + \angle \mathrm{D}$

$= 180^\circ$

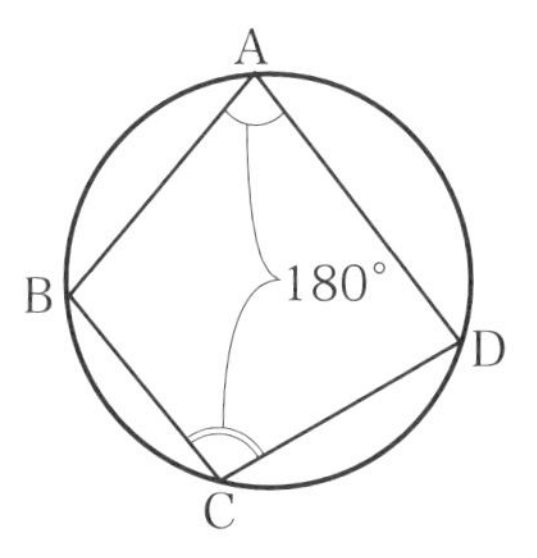

7 次の問いに答えなさい。

□ (10) 2乗しても下2けたの数が変わらない2けたの自然数は2つあります。このうち，大きいほうの数を求めなさい。この問題は答えだけを書いてください。

《整数の性質》 

2けたの自然数を x とします。

x と x^2 の下2けたの数が同じですから，

$$x^2 - x = \boxed{100}A$$

と表すことができます

(A は正の整数)。

下2けたの数が同じ数をひくと，100の倍数になります。

この式を変形すると，

$$x(x-1) = \boxed{2}^2 \times 5^2 \times A$$

この式で，$x-1$ と x は2けたの連続する自然数ですから，2数がともに2の倍数であることはありません。同様に，2数がともに5の倍数であることもありません。

したがって，x, $x-1$ のどちらか一方が 5^2（$= 25$）の倍数で，他方が 2^2（$= 4$）の倍数になることがわかります。

4の倍数より，25の倍数の場合を調べたほうが簡単！

① x が25の倍数のとき

x	25	50	75
$x-1$	24	49	74

この表から，$x-1$ が4の倍数になるのは，$x = \boxed{25}$ のとき。

② $x-1$ が 25 の倍数のとき

x	26	51	76
$x-1$	25	50	75

この表から，x が 4 の倍数になるのは，$x=\boxed{76}$ のとき。したがって，大きいほうの数は $\boxed{76}$ です。

答 $\boxed{76}$

ワンポイント・アドバイス

答えを導き出せたら，確かめの計算を行うとよいでしょう。

$x^2-x=100A$ であればいいのですから，答えの 76 を x に代入すると，$76^2-76=5776-76=57\underline{00}$ となり，条件に合っていることがわかります。

連続する2つの整数の積が 100 の倍数になるのは，片方が 4 の倍数でもう片方が 25 の倍数のときしかないことに着目しましょう。

第 5 回 1次 計算技能

1 次の問いに答えなさい。

□ (1) 次の式を展開して計算しなさい。

$$x(x-3)-(x-2)^2$$

解説・解答 《多項式の計算》

$x(x-3)-(x-2)^2$ 　乗法公式と分配法則を用います。

$=x^2-\boxed{3x}-(\boxed{x^2-4x+4})$ 　かっこをはずします。

$=x^2-3x-\boxed{x^2}+\boxed{4x}-\boxed{4}$ 　同類項をまとめます。

$=\boxed{x-4}$ ……答

乗法公式

$$(a+b)^2=a^2+2ab+b^2$$

$$(a-b)^2=a^2-2ab+b^2$$

$$(a+b)(a-b)=a^2-b^2$$

□ (2) 次の式を因数分解しなさい。

$$8a^3b^2-8a^2b+2a$$

解説・解答 《因数分解》

$8a^3b^2-8a^2b+2a$ 　共通因数 $2a$ でくくります。

$=2a(\boxed{4a^2b^2-4ab+1})$

$=2a\{(\boxed{2ab})^2-2\times\boxed{2ab}+1^2\}$ 　$a^2-2ab+b^2=(a-b)^2$ より

$=\boxed{2a(2ab-1)^2}$ ……答

因数分解の公式

$$a^2 + 2ab + b^2 = (a + b)^2$$

$$a^2 - 2ab + b^2 = (a - b)^2$$

$$a^2 - b^2 = (a + b)(a - b)$$

$$x^2 + (a + b)x + ab = (x + a)(x + b)$$

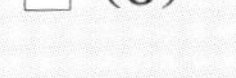

□(3)　次の方程式を解きなさい。

$$2x^2 - 6x + 1 = 0$$

《2 次方程式》 

解の公式を用いると，（解の公式①で，$a = 2$，$b = -6$，$c = 1$ の場合）

$$x = \frac{-(\boxed{-6}) \pm \sqrt{(\boxed{-6})^2 - 4 \times \boxed{2} \times \boxed{1}}}{2 \times \boxed{2}}$$

$$x = \frac{\boxed{6 \pm \sqrt{28}}}{4} \qquad x = \frac{\boxed{6 \pm 2\sqrt{7}}}{4}$$

$$x = \boxed{\frac{3 \pm \sqrt{7}}{2}}$$

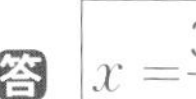

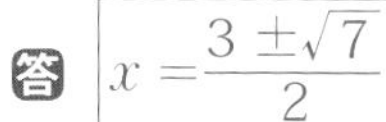

答 $x = \dfrac{3 \pm \sqrt{7}}{2}$

x の係数が偶数の場合の解の公式を用いると，（解の公式②で，$a = 2$，$b' = -3$，$c = 1$ の場合）

$$x = \frac{-(\boxed{-3}) \pm \sqrt{(\boxed{-3})^2 - \boxed{2} \times \boxed{1}}}{\boxed{2}}$$

$$x = \boxed{\frac{3 \pm \sqrt{7}}{2}}$$

答 $x = \dfrac{3 \pm \sqrt{7}}{2}$

2 次方程式の解の公式による解き方

① 2 次方程式 $ax^2 + bx + c = 0$ の解は，

$$x = \frac{-b \pm \sqrt{b^2 - 4ac}}{2a}$$

② 2 次方程式 $ax^2 + 2b'x + c = 0$ の解は，

$$x = \frac{-b' \pm \sqrt{b'^2 - ac}}{a}$$

問題 ◀◀ p.50

□ (4)　**次の計算をしなさい。**

$$(2-\sqrt{3})^2-\frac{12}{\sqrt{3}}$$

《平方根の計算》

$$(2-\sqrt{3})^2-\frac{12}{\sqrt{3}}$$

乗法公式を用います。

$$=2^2-2\times2\times\boxed{\sqrt{3}}+(\sqrt{3})^2-\frac{12}{\sqrt{3}}$$

分母を有理化します。

$$=4-\boxed{4\sqrt{3}}+3-\frac{12\times\boxed{\sqrt{3}}}{\sqrt{3}\times\boxed{\sqrt{3}}}$$

$$=7-\boxed{4\sqrt{3}}-\boxed{4\sqrt{3}}$$

$$=\boxed{7-8\sqrt{3}}$$ ……答

分母の有理化

$a>0$ のとき,

$$\frac{m}{\sqrt{a}}=\frac{m\times\sqrt{a}}{\sqrt{a}\times\sqrt{a}}=\frac{m\sqrt{a}}{a}$$

□ (5)　**2次関数 $y=\frac{3}{2}x^2$ において，$x=-2\sqrt{3}$ のときの y の値を求めなさい。**

《2次関数》

2次関数 $y=\frac{3}{2}x^2$ に $x=-2\sqrt{3}$ を代入します。

$$y=\frac{3}{2}\times(\boxed{-2\sqrt{3}})^2=\frac{3}{2}\times\boxed{12}$$

$$=\boxed{18}$$ ……答

式の値

式の中の文字を数に置き換えることを**代入する**といい，代入して計算した結果を**式の値**といいます。

2 次の問いに答えなさい。

□ (6) 右の図の二等辺三角形について，x の値を求めなさい。

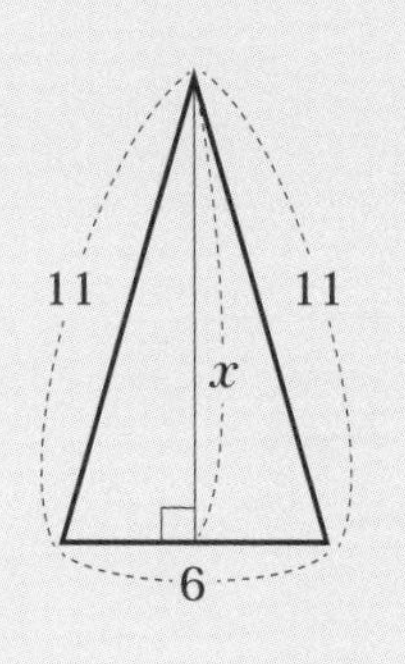

1次

《三平方の定理》

二等辺三角形の性質から，頂点 A から辺 BC に下ろした垂線は，辺 BC を 2 等分するから，BD ＝ 3

△ ABD で三平方の定理を用いると，

$x^2 + \boxed{3^2} = 11^2$

$x^2 = 121 - \boxed{9} = \boxed{112}$

$x > 0$ ですから

$x = \boxed{\sqrt{112}} = \boxed{4\sqrt{7}}$

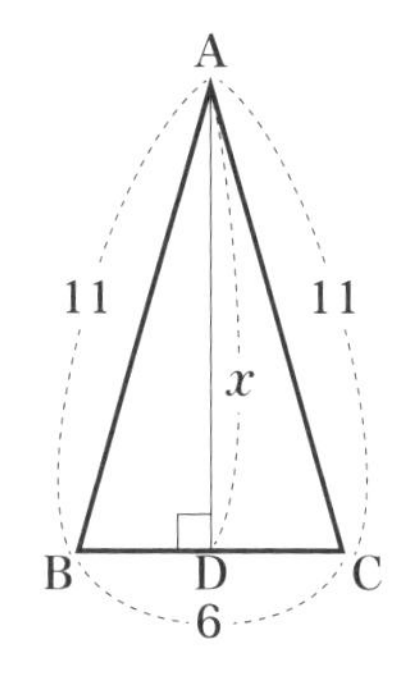

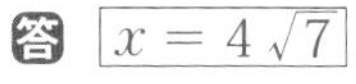

三平方の定理

直角三角形の直角をはさむ 2 辺の長さを a，b とし，斜辺の長さを c とすると，次の関係が成り立ちます。

$$a^2 + b^2 = c^2$$

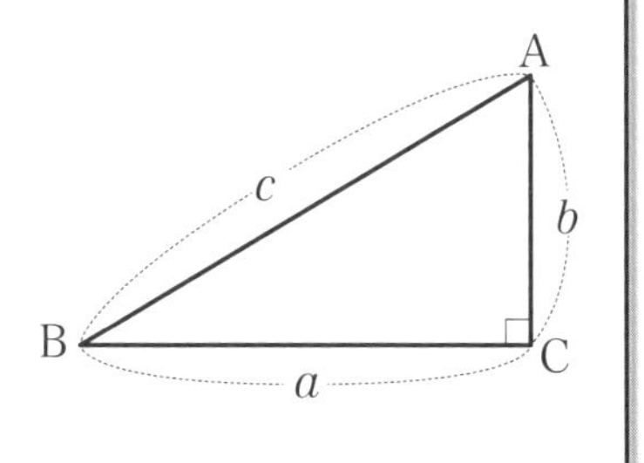

□ (7)　**右の図において，x の値を求めなさい。**

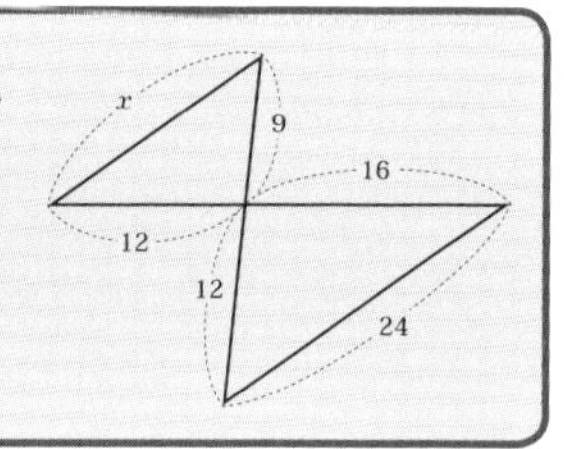

《相似な図形》

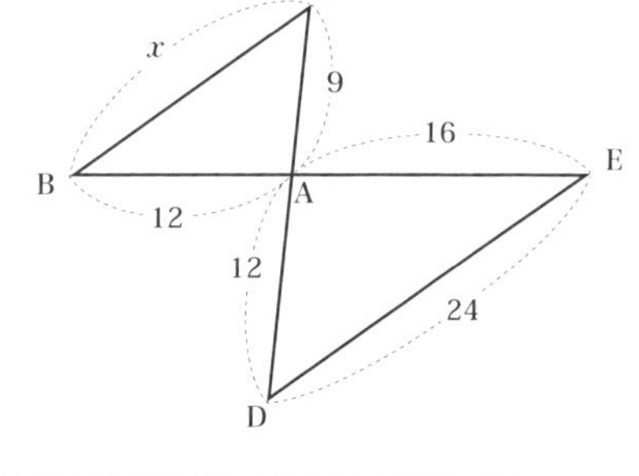

△ABC と△AED において，

AB：AE ＝ 12：16 ＝ [3：4]

AC：AD ＝ 9：12 ＝ [3：4]

したがって，

AB：AE ＝ [AC：AD] ……①

また，対頂角は等しいから，

∠BAC ＝ [∠EAD] ……②

①，②より，[2組の辺の比が等しく，その間の角が等しい]から，

△ABC ∽ △AED

よって，

AB：AE ＝ [BC：ED]

ですから，

3：4 ＝ x：[24]

$4x$ ＝ [72]

x ＝ [18]

 [$x = 18$]

三角形の相似条件

2つの三角形は，次のいずれかが成り立つとき**相似**であるといいます。

① 3組の辺の比がすべて等しい。

② 2組の辺の比が等しく，その間の角が等しい。

③ 2組の角がそれぞれ等しい。

相似な図形の性質

① 相似な図形では，対応する線分の長さの比はすべて等しい。

② 相似な図形では，対応する角の大きさはすべて等しい。

□ (8) 次の式を展開して計算しなさい。

$$(x+y)(x-y)(x^4+x^2y^2+y^4)$$

《多項式の計算》

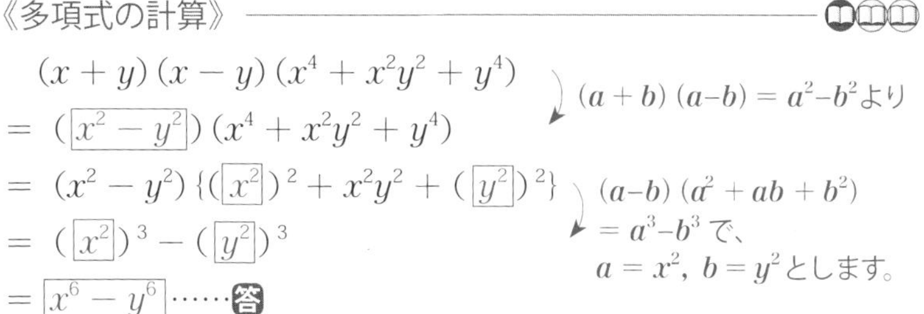

$$(x+y)(x-y)(x^4+x^2y^2+y^4)$$

$$=(\boxed{x^2-y^2})(x^4+x^2y^2+y^4)$$

$(a+b)(a-b)=a^2-b^2$ より

$$=(x^2-y^2)\{(\boxed{x^2})^2+x^2y^2+(\boxed{y^2})^2\}$$

$$=(\boxed{x^2})^3-(\boxed{y^2})^3$$

$(a-b)(a^2+ab+b^2)=a^3-b^3$ で，$a=x^2$，$b=y^2$ とします。

$$=\boxed{x^6-y^6}$$ ……答

乗法公式

$$(a+b)^3=a^3+3a^2b+3ab^2+b^3$$

$$(a-b)^3=a^3-3a^2b+3ab^2-b^3$$

$$(a+b)(a^2-ab+b^2)=a^3+b^3$$

$$(a-b)(a^2+ab+b^2)=a^3-b^3$$

$$(a+b+c)^2=a^2+b^2+c^2+2ab+2bc+2ca$$

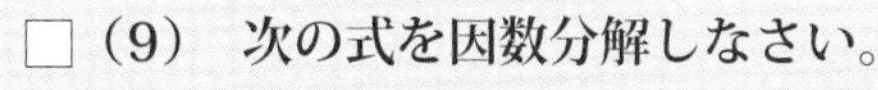

□ (9) 次の式を因数分解しなさい。

$$3x^2+7xy-6y^2$$

《因数分解》

$$3x^2+7xy-6y^2$$

$$=\boxed{(3x-2y)(x+3y)}$$ ……答

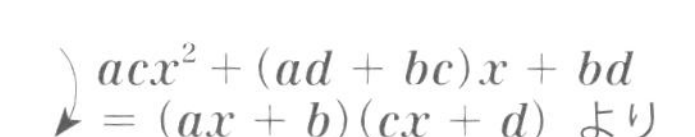

$acx^2+(ad+bc)x+bd=(ax+b)(cx+d)$ より

ワンポイント・アドバイス

$3x^2+7xy-6y^2$ の因数分解

公式 $acx^2+(ad+bc)x+bd=(ax+b)(cx+d)$ において，$ac=3$，$ad+bc=7y$，$bd=-6y^2$ となる a，b，c，d は次のようにして見つけます。

$$\begin{array}{ccc} 3 & -2y & \to -2y \\ 1 & 3y & \to \ \ 9y \\ \hline 3 & -6y^2 & 7y \end{array}$$

因数分解の公式

$$\boldsymbol{a^3+b^3=(a+b)(a^2-ab+b^2)}$$
$$\boldsymbol{a^3-b^3=(a-b)(a^2+ab+b^2)}$$
$$\boldsymbol{a^3+3a^2b+3ab^2+b^3=(a+b)^3}$$
$$\boldsymbol{a^3-3a^2b+3ab^2-b^3=(a-b)^3}$$
$$\boldsymbol{acx^2+(ad+bc)x+bd=(ax+b)(cx+d)}$$

□ (10)　$x=2-\sqrt{7}$ とするとき，x^2-4x+3 の値を求めなさい。

《式の値》

x^2-4x+3

$=(x-\boxed{2})^2-\boxed{2}^2+3$

（$x^2+kx=\left(x+\frac{k}{2}\right)^2-\left(\frac{k}{2}\right)^2$ の形に変形）

$=(x-2)^2-\boxed{1}$

$x=2-\sqrt{7}$ を代入して

$(2-\sqrt{7}-2)^2-1$

$=(\boxed{-\sqrt{7}})^2-1=7-1=\boxed{6}$

答　$\boxed{6}$

ワンポイント・アドバイス

最初の式に値を代入するよりも，式変形してから代入した方が，計算が簡単になります。

3 次の問いに答えなさい。

□ (11) 2 次関数 $y = 2x^2 + 12x + a$ の最小値が 5 となるように定数 a の値を定めなさい。

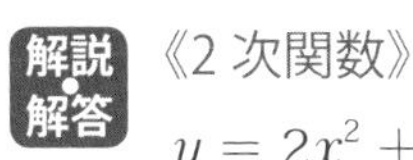

解説・解答 《2 次関数》

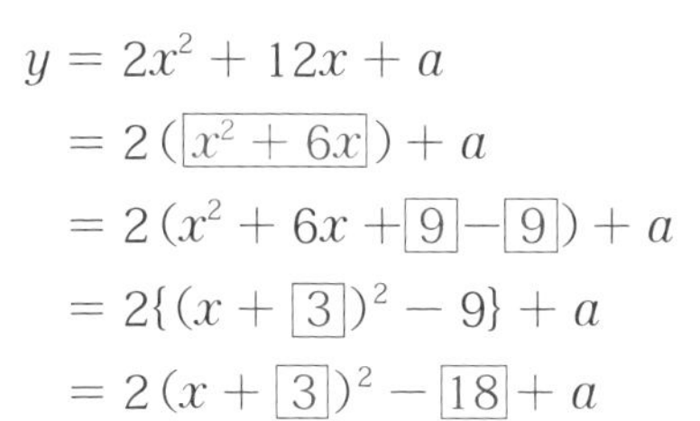

$$y = 2x^2 + 12x + a$$
$$= 2(\boxed{x^2 + 6x}) + a$$
$$= 2(x^2 + 6x + \boxed{9} - \boxed{9}) + a$$
$$= 2\{(x + \boxed{3})^2 - 9\} + a$$
$$= 2(x + \boxed{3})^2 - \boxed{18} + a$$

最小値

したがって，頂点の座標は，$(\boxed{-3}, \boxed{-18 + a})$

この 2 次関数のグラフは，下に凸の放物線ですから，頂点で y 座標は最小になります。

したがって，

$$-18 + a = \boxed{5}$$
$$a = \boxed{23}$$

答 $\boxed{a = 23}$

解説・別解 2 次関数 $y = 2x^2 + 12x + a$ のグラフは，下に凸の放物線ですから，頂点で y 座標は最小になります。

頂点の y 座標は，

$$-\frac{12^2 - 4 \times 2 \times a}{4 \times 2} = \boxed{-18 + a}$$

ポイント
$y = ax^2 + bx + c$ の頂点の y 座標は $-\dfrac{b^2 - 4ac}{4a}$

したがって，

$$-18 + a = \boxed{5}$$
$$a = \boxed{23}$$

答 $\boxed{a = 23}$

2次関数の頂点の座標

① 2次関数 $y = ax^2 + bx + c$ は，$y = a(x - p)^2 + q$ の形に表す（**平方完成**）ことができます。このとき，軸は **直線 $x = p$**，頂点は **点 $(p,\ q)$** です。

② 2次関数 $y = ax^2 + bx + c$ のグラフは，$y = ax^2$ のグラフを平行移動した放物線です。

軸は　直線 $x = -\dfrac{b}{2a}$

頂点は　点 $\left(-\dfrac{b}{2a},\ -\dfrac{b^2-4ac}{4a}\right)$

□ (12) 2次不等式 $2x^2 - 5x - 12 > 0$ を解きなさい。

《2次不等式》

2次方程式 $2x^2 - 5x - 12 = 0$ を解くと，

$$(\boxed{2x + 3})(x - 4) = 0$$

$$x = \boxed{-\frac{3}{2}},\ \boxed{4}$$

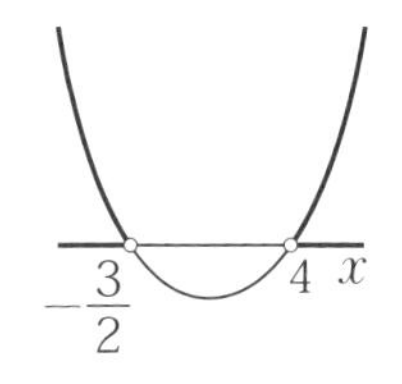

したがって，2次不等式の解は，

$$x < \boxed{-\frac{3}{2}},\ \boxed{4} < x$$

2次不等式を解くときは，まず左辺＝0として2次方程式の解を求めましょう。

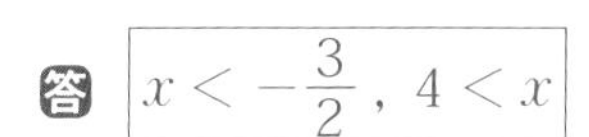

ワンポイント・アドバイス

$2x^2 - 5x - 12 = 0$ の因数分解

公式 $acx^2 + (ad + bc)x + bd = (ax + b)(cx + d)$ において，$ac = 2$，$ad + bc = -5$，$bd = -12$ となる a，b，c，d を，次のようにして見つけます。

2	3	→	3
1	−4	→	−8
2	−12	→	−5

2次不等式

$a>0$ で，2次方程式 $ax^2+bx+c=0$ が異なる2つの実数解 $x=\alpha,\ \beta\ (\alpha<\beta)$ をもつとき，

$\boldsymbol{ax^2+bx+c>0}$ の解は，$x<\alpha,\ \beta<x$

$\boldsymbol{ax^2+bx+c\geqq 0}$ の解は，$x\leqq\alpha,\ \beta\leqq x$

$\boldsymbol{ax^2+bx+c<0}$ の解は，$\alpha<x<\beta$

$\boldsymbol{ax^2+bx+c\leqq 0}$ の解は，$\alpha\leqq x\leqq\beta$

□ **(13)　2個のさいころを同時に投げるとき，少なくとも一方に3の倍数の目が出る確率を求めなさい。**

《確率》

「少なくとも一方に3の倍数の目が出る」の余事象は「すべて3の倍数以外の目が出る」です。

1個のさいころで，3の倍数以外の目（1, 2, 4, 5）が出る確率は，

$$\frac{4}{6}=\frac{2}{3}$$

したがって，両方とも3の倍数以外の目が出る確率は，

$$\frac{2}{3}\times\frac{2}{3}=\frac{4}{9}$$

以上より，少なくとも一方に3の倍数の目が出る確率は，

$$1-\frac{4}{9}=\frac{5}{9}$$

 $\frac{5}{9}$

余事象の確率

$$P(\overline{A})=1-P(A)$$

（$\overline{A}$ は A が起こらない事象で，A の余事象といいます。）

独立な試行の確率

独立な試行において，事象 A と事象 B が同時に起こる確率 $P(C)$ は，$\boldsymbol{P(C)=P(A)\,P(B)}$

問題 ◀◀ p.52

□ (14)　$90° < \theta < 180°$ とします。$\sin\theta = \dfrac{2}{3}$ のとき，次の問いに答えなさい。

① $\cos\theta$ の値を求めなさい。

② $\tan\theta$ の値を求めなさい。

《三角比》

① 三角比の相互関係 $\sin^2\theta + \cos^2\theta = 1$ より，

$$\cos^2\theta = 1 - \sin^2\theta = 1 - \left(\boxed{\frac{2}{3}}\right)^2 = \boxed{\frac{5}{9}}$$

$90° < \theta < 180°$ より，$\cos\theta < 0$ ですから，

$$\cos\theta = -\sqrt{\boxed{\frac{5}{9}}} = \boxed{-\frac{\sqrt{5}}{3}}$$ ……答

② 三角比の相互関係 $\tan\theta = \dfrac{\sin\theta}{\cos\theta}$ より，

$$\tan\theta = \boxed{\frac{2}{3}} \div \left(\boxed{-\frac{\sqrt{5}}{3}}\right)$$
$$= \boxed{\frac{2}{3}} \times \left(\boxed{-\frac{3}{\sqrt{5}}}\right)$$
$$= \boxed{-\frac{2}{\sqrt{5}}}$$
$$= \boxed{-\frac{2\sqrt{5}}{5}}$$ ……答

分母を有理化します。

三角比の相互関係

$$\tan\theta = \frac{\sin\theta}{\cos\theta}$$
$$\sin^2\theta + \cos^2\theta = 1$$
$$1 + \tan^2\theta = \frac{1}{\cos^2\theta}$$

3つの式をセットにしておぼえておきましょう。

参考

鈍角もふくめた三角比

$\sin\theta = \dfrac{y}{r}$, $\cos\theta = \dfrac{x}{r}$,

$\tan\theta = \dfrac{y}{x}$ より，$\sin\theta = \dfrac{2}{3}$

なので，$y = 2$，$r = 3$，さらに三平方の定理より $x = -\sqrt{5}$。

よって $\cos\theta = -\dfrac{\sqrt{5}}{3}$,

$\tan\theta = -\dfrac{2}{\sqrt{5}} = -\dfrac{2\sqrt{5}}{5}$ とわかります。

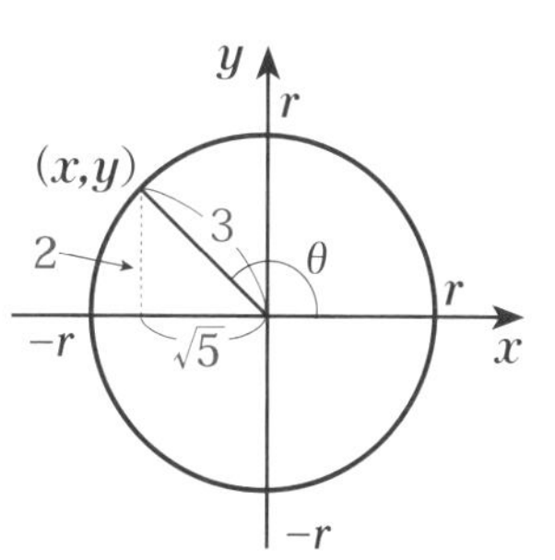

□ **(15)　$U = \{1, 2, 3, 4, 5, 6, 7, 8, 9\}$ を全体集合とするとき，集合 $A = \{2, 3, 4, 5, 9\}$ と集合 $B = \{2, 4, 6, 8\}$ について，次の問いに答えなさい。**

①　集合 $\overline{A \cup B}$ を，要素を書き並べる方法で表しなさい。

②　集合 $A \cap \overline{B}$ を，要素を書き並べる方法で表しなさい。

《集合》

①　集合 $A \cup B$ は，A と B の和集合ですから，A と B の少なくとも一方に属する要素全体の集合です。したがって，

$$A \cup B = \{\boxed{2, 3, 4, 5, 6, 8, 9}\}$$

集合 $\overline{A \cup B}$ は $A \cup B$ の補集合ですから，その要素は，全体集合 U の中で集合 $A \cup B$ に属さない要素です。

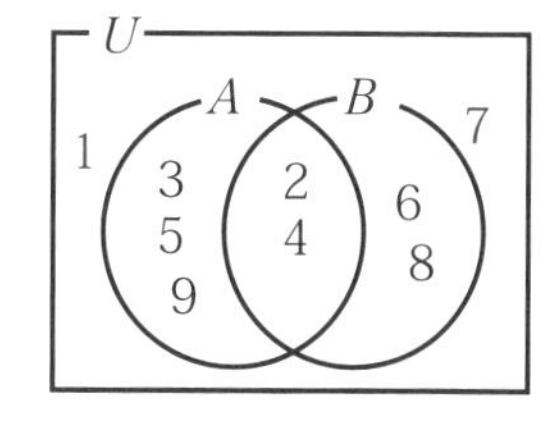

したがって，

$$\overline{A \cup B} = \{\boxed{1, 7}\}$$

答　$\boxed{\{1, 7\}}$

②　集合 $\overline{B}$ は，B の補集合ですから，その要素は，全体集合 U の中で集合 B に属さない要素です。

したがって，

$$\overline{B} = \{\boxed{1, 3, 5, 7, 9}\}$$

集合 $A \cap \overline{B}$ は，A と $\overline{B}$ の共通部分で，A と $\overline{B}$ のどちらにも属する要素全体の集合です。

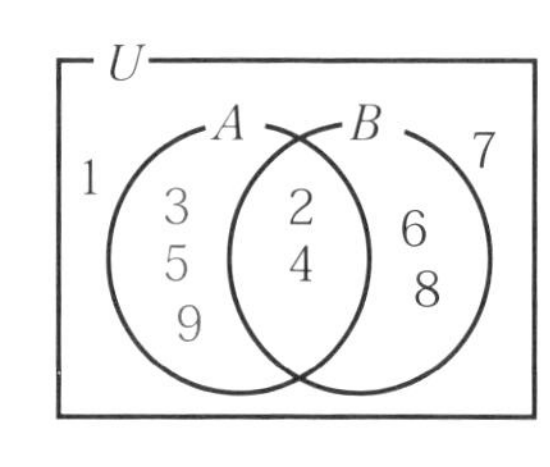

したがって，

$$A \cap \overline{B} = \{\boxed{3,\ 5,\ 9}\}$$

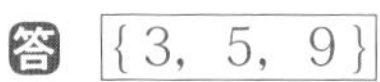

まちがえないように，図を使って考えましょう。

重要

集合

範囲をはっきりさせたものの集まりを**集合**といいます。

空集合

要素を 1 つももたない集合を**空集合**といい，ϕ で表します。

和集合

集合 A と B の少なくとも一方に属する要素全体の集合を，A と B の**和集合**といい，$A \cup B$ と表します。

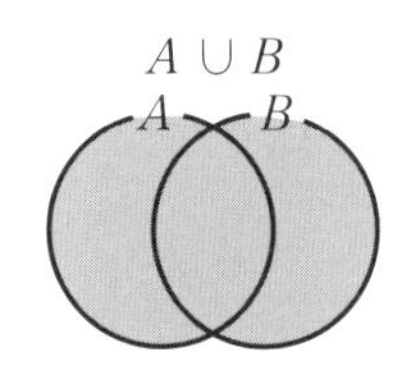

共通部分

集合 A と B のどちらにも属する要素全体の集合を，A と B の**共通部分**といい，$A \cap B$ と表します。

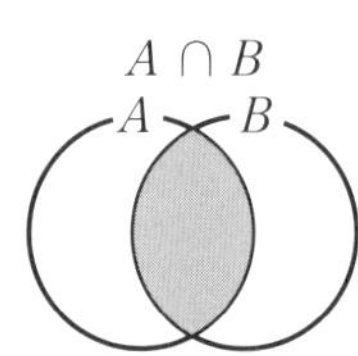

全体集合と補集合

集合を考えるとき，すべての要素をふくむ集合を U として考えます。この集合 U を**全体集合**といいます。また，全体集合 U の部分集合 A に属さない U の要素全体の集合を A の**補集合**といい，$\overline{A}$ と書きます。

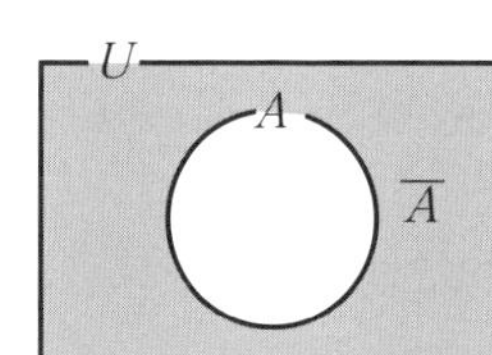

第 5 回 2次 数理技能

1 AD ∥ BC である台形 ABCD において，AD = 4 cm，AD < BC, ∠B = 60°, ∠C = 45°のとき, 次の問いに答えなさい。

□（1） この台形の高さを x cm とするとき，BC の長さを x を用いて表しなさい。この問題は答えだけを書いてください。

（表現技能）

《平面図形》

右の図で，△ ABE，△ DCF は，それぞれ 60°，45°をもつ直角三角形です。

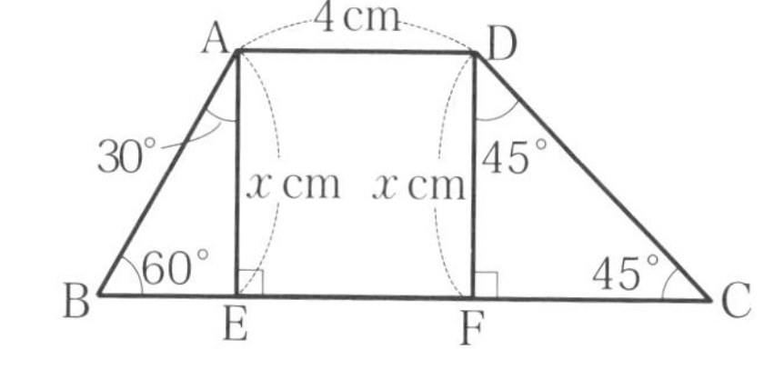

したがって，

BE：x = 1：$\boxed{\sqrt{3}}$，

CF：x = 1：$\boxed{1}$

ですから，

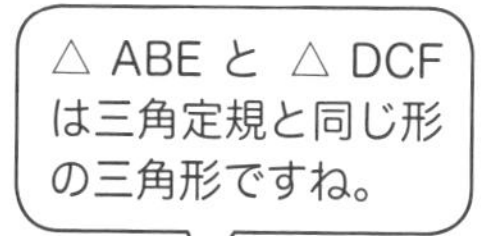

△ ABE と △ DCF は三角定規と同じ形の三角形ですね。

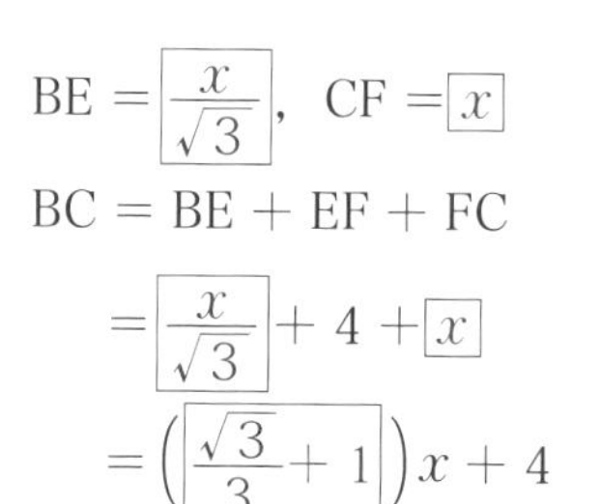

$$\mathrm{BE} = \boxed{\frac{x}{\sqrt{3}}},\quad \mathrm{CF} = \boxed{x}$$

$$\mathrm{BC} = \mathrm{BE} + \mathrm{EF} + \mathrm{FC}$$

$$= \boxed{\frac{x}{\sqrt{3}}} + 4 + \boxed{x}$$

$$= \left(\boxed{\frac{\sqrt{3}}{3} + 1}\right)x + 4$$

 $\boxed{\left(\frac{\sqrt{3}}{3} + 1\right)x + 4\ (\mathrm{cm})}$

□（2） BC = 16cm のとき，この台形の面積を求めなさい。

《平面図形》

BC = 16cm ですから，（1）より，

$$\boxed{\left(\frac{\sqrt{3}}{3}+1\right)x+4}=16$$

これを解くと，

$$\left(\frac{\boxed{\sqrt{3}+3}}{3}\right)x=\boxed{12}$$

$$x=\boxed{12}\times\frac{3}{\boxed{3+\sqrt{3}}}$$

$$=\frac{36(\boxed{3-\sqrt{3}})}{(3+\sqrt{3})(\boxed{3-\sqrt{3}})}$$

$$=\boxed{\frac{36(3-\sqrt{3})}{9-3}}$$

$$=\boxed{6}(\boxed{3-\sqrt{3}})=\boxed{18-6\sqrt{3}}$$

したがって，台形の面積は，

$$\frac{(\boxed{4+16})\times(\boxed{18-6\sqrt{3}})}{2}=\boxed{180-60\sqrt{3}}\ (\mathrm{cm}^2)$$

答 

台形の面積

台形の面積＝ $\dfrac{(上底＋下底)\times 高さ}{2}$

三角定規の形の直角三角形の 3 辺の比

直角二等辺三角形と，60°の角をもつ直角三角形の3 辺の長さの割合は，それぞれ次のとおりです。

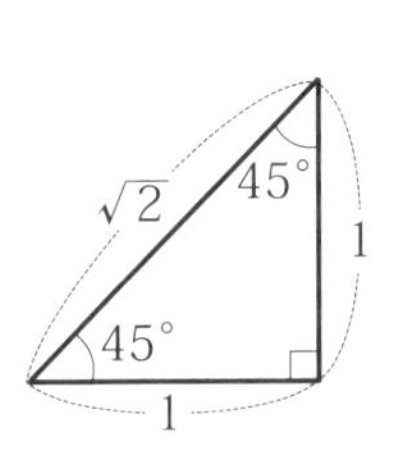

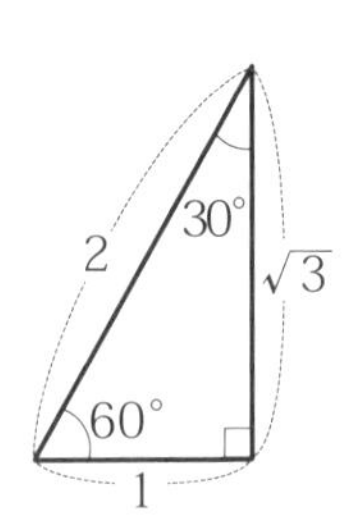

2 次の問いに答えなさい。

□ (3) n が奇数のとき，$(n+1)^3+(2n+3)^2-1$ は，16 の倍数であることを証明しなさい。

《整数の性質》 

n は奇数であるから，$n=2k-1$（k は整数）とおくことができる。

$(n+1)^3+(2n+3)^2-1$

$=\{(2k-1)+1\}^3+\{2(2k-1)+3\}^2-1$

$=(\boxed{2k})^3+(4k+1)^2-1$

$=\boxed{8k^3}+16k^2+8k+1-1$

$=8k(\boxed{k^2+2k+1})$

$=8k(\boxed{k+1})^2$

ここで，k と $\boxed{k+1}$ は連続する 2 つの整数で，その積は偶数

になるから，$k(\boxed{k+1})=2m$（m は整数）と表すことができる。

よって，

$$
\begin{aligned}
(n+1)^3+(2n+3)^2-1 &= 8k(\boxed{k+1})^2 \\
&= 8(\boxed{k+1})\cdot 2m \\
&= 16m(\boxed{k+1})
\end{aligned}
$$

ポイント　16 × 整数

$m(\boxed{k+1})$ は整数であるから，$(n+1)^3+(2n+3)^2-1$ は 16 の倍数である。

連続する整数

2 つの連続する整数の積は偶数になります。

また，3 つの連続する整数の積は 6 の倍数になります。

2 次 第 5 回 解説・解答

問題 p.54

次の問いに答えなさい。

□ (4) $\dfrac{385}{36}$ をかけても，$\dfrac{63}{220}$ でわっても自然数になる分数の中で，最小の分数を求めなさい。この問題は答えだけを書いて下さい。

解説・解答 《整数の性質》

求める分数を$\dfrac{n}{m}$（n，m は自然数）とします。

$\dfrac{n}{m}\times\dfrac{385}{36}$ は自然数になるから，n は $\boxed{36}$ の倍数であり，m は $\boxed{385}$ の約数です。

また，

$\dfrac{n}{m}\div\dfrac{63}{220}=\dfrac{n}{m}\times\dfrac{220}{63}$ は自然数になるから，n は $\boxed{63}$ の倍数であり，m は $\boxed{220}$ の約数です。

したがって，n は 36 と 63 の公倍数，m は 385 と 220 の公約数となります。

そして，n が最小公倍数，m が最大公約数になるとき，求める分数は最小となりますから，

$36=\boxed{2^2\times3^2}$，$63=\boxed{3^2\times7}$ より

$n=\boxed{2^2\times3^2\times7}=\boxed{252}$

$385=\boxed{5\times7\times11}$，$220=\boxed{2^2\times5\times11}$ より

$m=\boxed{5\times11}=\boxed{55}$

よって，求める分数は，$\boxed{\dfrac{252}{55}}$

答 $\boxed{\dfrac{252}{55}}$

4　2 次関数 $y = 2x^2 + 6kx + 7k + 4$（k は定数）について，次の問いに答えなさい。

□（5）　上の 2 次関数のグラフの頂点の座標を求めなさい。この問題は答えだけを書いてください。

《2 次関数》

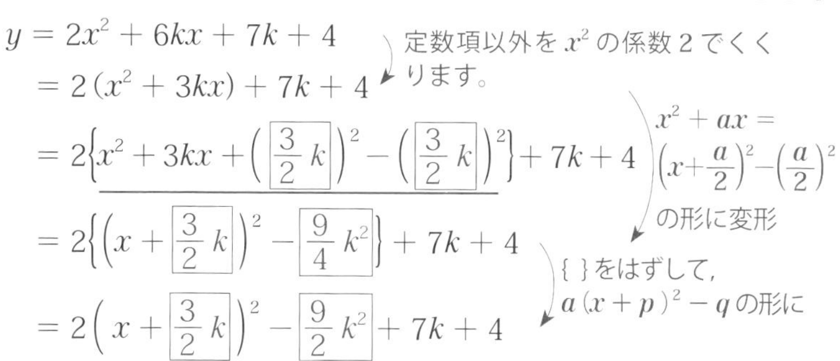

$$y = 2x^2 + 6kx + 7k + 4$$
$$= 2(x^2 + 3kx) + 7k + 4$$
$$= 2\left\{x^2 + 3kx + \left(\boxed{\frac{3}{2}k}\right)^2 - \left(\boxed{\frac{3}{2}k}\right)^2\right\} + 7k + 4$$
$$= 2\left\{\left(x + \boxed{\frac{3}{2}k}\right)^2 - \boxed{\frac{9}{4}k^2}\right\} + 7k + 4$$
$$= 2\left(x + \boxed{\frac{3}{2}k}\right)^2 - \boxed{\frac{9}{2}k^2} + 7k + 4$$

定数項以外を x^2 の係数 2 でくくります。
$x^2 + ax = \left(x + \frac{a}{2}\right)^2 - \left(\frac{a}{2}\right)^2$ の形に変形
{ }をはずして，$a(x + p)^2 - q$ の形に

したがって，頂点の座標は，$\left(\boxed{-\frac{3}{2}k,\ -\frac{9}{2}k^2 + 7k + 4}\right)$

答　$\boxed{\left(-\frac{3}{2}k,\ -\frac{9}{2}k^2 + 7k + 4\right)}$

2 次関数 $y = ax^2 + bx + c$ のグラフの頂点は，

$$点\ \left(-\frac{b}{2a},\ -\frac{b^2 - 4ac}{4a}\right)$$

ですから，頂点の x 座標は，$-\frac{6k}{2 \times 2} = \boxed{-\frac{3}{2}k}$

y 座標は，$-\frac{(6k)^2 - 4 \times 2 \times (7k + 4)}{4 \times 2} = -\frac{36k^2 - 56k - 32}{8}$

$$= \boxed{-\frac{9}{2}k^2 + 7k + 4}$$

答　$\boxed{\left(-\frac{3}{2}k,\ -\frac{9}{2}k^2 + 7k + 4\right)}$

ワンポイント・アドバイス

頂点の座標は一般に解説のような「平方完成」により求めますが，2 次関数 $y = ax^2 + bx + c$ の頂点の座標を，公式としておぼえておいて求めることもできます。

□ **(6)　上の 2 次関数のグラフが x 軸と異なる 2 点で交わるように，定数 k の値の範囲を定めなさい。**

《2 次関数》

与えられた 2 次関数のグラフが x 軸と異なる 2 点で交わるには，頂点の y 座標が $y<0$ となればよい。　ポイント

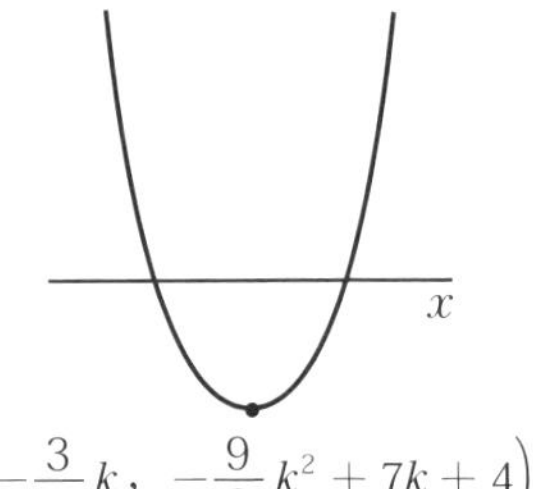

$\left(-\frac{3}{2}k,\ -\frac{9}{2}k^2+7k+4\right)$

したがって，

$$\boxed{-\frac{9}{2}k^2+7k+4}<0$$

すなわち，

$$\boxed{\frac{9}{2}k^2-7k-4}>0$$

2 次方程式

$$\boxed{\frac{9}{2}k^2-7k-4}=0$$

を解くと，

$$\boxed{9k^2}-\boxed{14k}-8=0$$

$$(\boxed{9k+4})(\boxed{k-2})=0$$

$$k=\boxed{-\frac{4}{9}},\ \boxed{2}$$

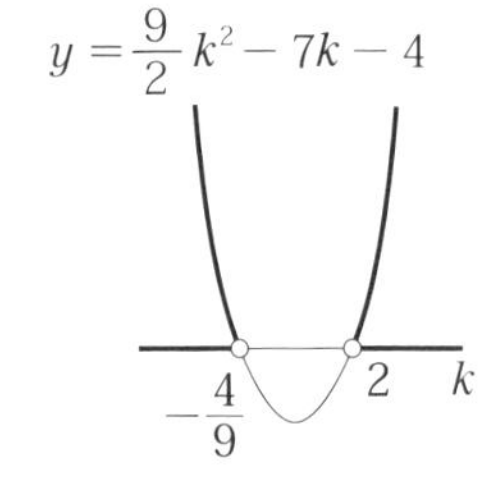

よって，上の 2 次不等式の解は，

$$k<\boxed{-\frac{4}{9}},\ \boxed{2}<k$$

$\boxed{k<-\frac{4}{9},\ \ 2<k}$

ワンポイント・アドバイス

下に凸の 2 次関数のグラフが x 軸と異なる 2 点で交わるとき，頂点は x 軸の下にあることに着目します。

2 次不等式を解くときは，グラフも手がかりにするとまちがいが少なくなります。

2次関数の頂点の座標

① 2次関数 $y = ax^2 + bx + c$ は，$y = a(x-p)^2 + q$ の形に表すことができます。このとき，頂点の座標は $(p,\ q)$ です。

② 2次関数 $y = ax^2 + bx + c$ のグラフは，$y = ax^2$ のグラフを平行移動した放物線です。

軸は　直線 $x = -\dfrac{b}{2a}$

頂点は　点 $\left(-\dfrac{b}{2a},\ -\dfrac{b^2-4ac}{4a}\right)$

5　**1個のさいころを続けて投げ，5以上の目が3回出たところで投げるのをやめるとき，次の問いに答えなさい。**

□ **(7)　5回投げてもやめにならないで，6回投げてやめることになる確率を求めなさい。**

《確率》

5回投げてもやめにならないで，6回投げてやめるためには，5回までに5以上の目が2回，4以下の目が3回出ていて，かつ6回目に5以上の目が出ることが必要です。

5以上の目が出る確率　$\dfrac{2}{6} = \dfrac{1}{3}$

4以下の目が出る確率　$\dfrac{4}{6} = \dfrac{2}{3}$

求める確率は，

$$\underbrace{{}_5C_2\left(\boxed{\frac{1}{3}}\right)^2\left(\frac{2}{3}\right)^3}_{\text{5回中2回が5以上，3回が4以下の目が出る}} \times \underbrace{\frac{1}{3}}_{\text{6回目に5以上の目が出る}} = \boxed{\frac{5 \times 4}{2 \times 1}} \times \boxed{\frac{1}{9}} \times \frac{8}{27} \times \frac{1}{3} = \boxed{\frac{80}{729}}$$

5回中2回が5以上，3回が4以下の目が出る

6回目に5以上の目が出る

 $\boxed{\dfrac{80}{729}}$

問題◀◀p.55

ワンポイント・アドバイス

6回でやめることになる場合は，6回目に3回目の5以上の目が出ることが必要です。6回中のいずれかで，5以上の目が3回出るのではないことに注意しましょう。

反復試行の確率

1回の試行で事象 A が起こる確率を p とします。この試行を n 回くり返して行うとき，事象 A が r 回起こる確率は，次の式で求めることができます。

$${}_n\mathrm{C}_r\, p^r (1-p)^{n-r}$$

ただし，${}_n\mathrm{C}_r = \dfrac{n!}{r!(n-r)!}$　${}_n\mathrm{C}_n = 1$　${}_n\mathrm{C}_0 = 1$

△ABCにおいて，AB = 5，CA = 7，cos$A$ = $\dfrac{1}{7}$ のとき，次の問いに答えなさい。

□ **(8)　cos$B$ の値を求めなさい。この問題は答えだけを書いてください。**

《三角比》

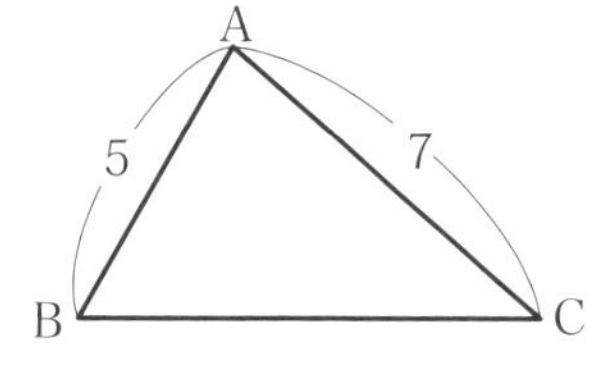

△ABCにおいて，余弦定理を用いると，

$$\mathrm{BC}^2 = 5^2 + 7^2 - 2 \times \boxed{5} \times \boxed{7} \times \frac{1}{7}$$

$$= \boxed{64}$$

BC > 0 より，BC = $\boxed{8}$

余弦定理より，

$$7^2 = 5^2 + 8^2 - 2 \times \boxed{5} \times \boxed{8} \times \cos B$$

$$49 = 25 + 64 - \boxed{80} \cos B$$

$$\cos B = \frac{\boxed{40}}{80} = \boxed{\frac{1}{2}}$$

 $\boxed{\dfrac{1}{2}}$

余弦定理

△ABCにおいて，次の式が成り立つ。

$a^2 = b^2 + c^2 - 2bc\cos A$

$b^2 = c^2 + a^2 - 2ca\cos B$

$c^2 = a^2 + b^2 - 2ab\cos C$

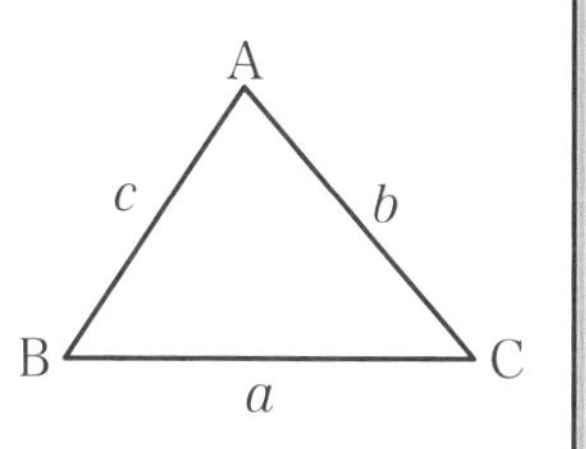

□ (9)　∠Aの二等分線が辺BCと交わる点をDとするとき，線分ADの長さを求めなさい。　（測定技能）

《三角比》

BD：DC＝AB：ACですから，

BD：DC＝$\boxed{5:7}$

したがって，

$$BD = \boxed{8} \times \frac{5}{5+7} = \boxed{\frac{40}{12}} = \boxed{\frac{10}{3}}$$

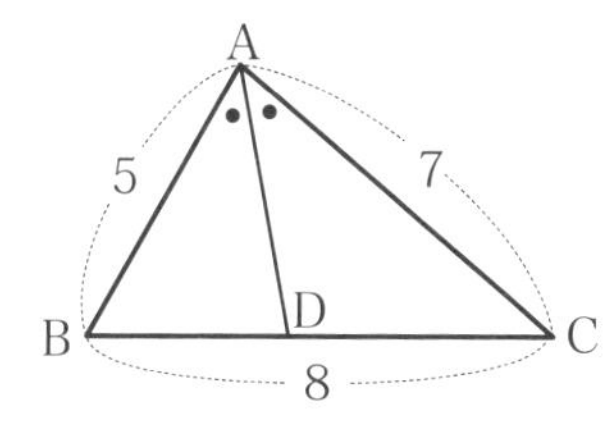

△ABDにおいて，余弦定理より，

$$AD^2 = 5^2 + \left(\boxed{\frac{10}{3}}\right)^2 - 2 \times 5 \times \boxed{\frac{10}{3}} \times \boxed{\frac{1}{2}}$$

$$= 25 + \boxed{\frac{100}{9}} - \boxed{\frac{50}{3}}$$　　(8)より $\cos B = \frac{1}{2}$

$$= \boxed{\frac{175}{9}}$$

AD＞0ですから，$AD = \sqrt{\boxed{\frac{175}{9}}} = \boxed{\frac{5\sqrt{7}}{3}}$

 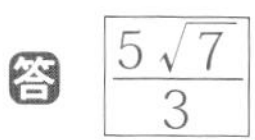

答 $\boxed{\frac{5\sqrt{7}}{3}}$

内角の二等分線と辺の比

右の△ABCにおいて，∠Aの二等分線と辺BCとの交点をDとするとき，

AB：AC＝BD：DC

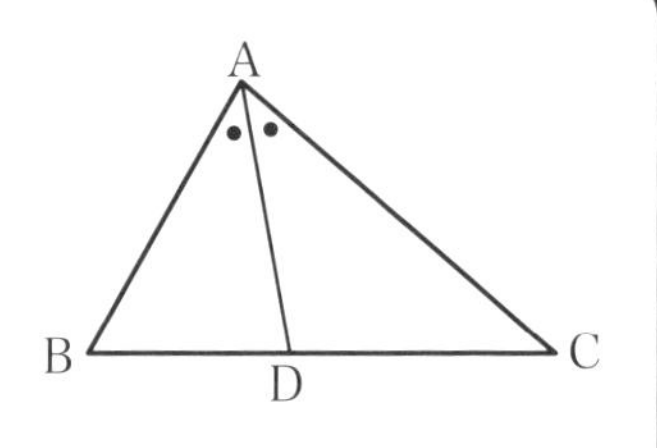

この定理は，点CからADに平行にひいた直線と辺BAの延長との交点をEとして証明できます。

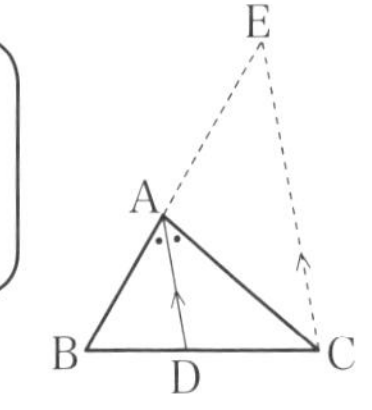

7 次の問いに答えなさい。

□ (10) $\sqrt{N^2+300}$が自然数となるような自然数Nは何個ありますか。この問題は答えだけを書いてください。

《整数の問題》

$\sqrt{N^2+300}=A$とおきます（Aは自然数）。

両辺を2乗すると，

$$N^2+300=A^2$$
$$A^2-N^2=300$$

ポイント　根号の中はある自然数の2乗になります。

$$(A+N)(A-N)=\boxed{2^2\times3\times5^2}\quad\cdots\cdots①$$

ここで，A，Nはともに自然数ですから，次のことがわかります。

② $A+N$，$A-N$は，ともに自然数

③ $A+N$，$A-N$は，奇数どうし，または偶数どうし

④ $A+N>A-N$

なお，①より，$A+N$と$A-N$の積は偶数ですから，③より，$A+N$と$A-N$はともに偶数で，ともに奇数になることはありません。

したがって，次の場合が考えられます。

$$\begin{cases} A+N=\boxed{2\times3\times5^2} \\ A-N=2 \end{cases} \text{より} \begin{cases} A+N=\boxed{150} \\ A-N=\boxed{2} \end{cases} \quad \begin{cases} A=\boxed{76} \\ N=\boxed{74} \end{cases}$$

または，

$$\begin{cases} A+N=\boxed{2\times3\times5} \\ A-N=2\times5 \end{cases} \text{より} \begin{cases} A+N=\boxed{30} \\ A-N=\boxed{10} \end{cases} \quad \begin{cases} A=\boxed{20} \\ N=\boxed{10} \end{cases}$$

または，

$$\begin{cases} A+N=\boxed{2\times5^2} \\ A-N=2\times3 \end{cases} \text{より} \begin{cases} A+N=\boxed{50} \\ A-N=\boxed{6} \end{cases} \quad \begin{cases} A=\boxed{28} \\ N=\boxed{22} \end{cases}$$

よって，自然数 N は，$\boxed{74}$，$\boxed{10}$，$\boxed{22}$ の $\boxed{3}$ 個あります。

解答一覧

くわしい解説は，「解説・解答」をごらんください。

第1回　1次

1

(1) $3xy-7y^2$

(2) $5(x-5)^2$

(3) $x=-3,\ 8$　　(4) $6\sqrt{6}-4$

(5) $-18 \leqq y \leqq 0$

2

(6) 6cm

(7) $x=\dfrac{40}{3}$

(8) x^2-4y^2+4y-1

(9) $(2x-3)^3$

(10) 5

3

(11) 7

(12) $x \leqq -\dfrac{5}{2},\ \dfrac{1}{2} \leqq x$

(13) $\dfrac{7}{8}$

(14) ①　$\dfrac{3\sqrt{13}}{13}$　　②　$\dfrac{2\sqrt{13}}{13}$

(15) ①　$\{2,\ 6,\ 8\}$　　②　8

第1回　2次

1

(1) $(50-x)(200+6x)$ 円

(2) (1) から，

$$(50-x)(200+6x)=10304$$

この2次方程式を解くと，

$$10000+100x-6x^2=10304$$

$$(x-4)(3x-38)=0$$

よって，$x=4,\ \dfrac{38}{3}$

ここで，x は整数だから，$x=4$

したがって，1個の値段は，

$$50-4=46\ (円)$$

答　46円

2

(3) n^4+4

$=n^4+4n^2+4-4n^2$

$=(n^2+2)^2-(2n)^2$

$=(n^2+2n+2)(n^2-2n+2)$

ここで，

$n^2+2n+2=(n+1)^2+1$

$n^2-2n+2=(n-1)^2+1$

であるから，$n \geqq 2$ のとき，

$$n^2+2n+2 \geqq 10$$

$$n^2-2n+2 \geqq 2$$

したがって，n^4+4 は，2以上の2つの整数の積で表されるから，素数ではない。

3

(4) (666, 665), (66, 55)

4

(5) $(2,\ 2k+1)$

(6) y の値が，$1 \leqq x \leqq 4$ の範囲で常に正となるには，そのときの y の値の最小値が正となればよい。

(5) から，$y = -x^2 + 4x + 2k - 3$ のグラフの軸は，$x = 2$

したがって，$1 \leqq x \leqq 4$ の範囲では，$x = 4$ のとき最小になる。

最小値は，$y = -(4-2)^2 + 2k + 1$
$= -4 + 2k + 1 = 2k - 3$
であるから，$2k - 3 > 0$ となる。

よって，$k > \dfrac{3}{2}$　　答 $k > \dfrac{3}{2}$

5

(7) $AD = x$ とおくと，

$\triangle ABC = \triangle ABD + \triangle ADC$ より，

$$\frac{1}{2} \times 8 \times 6 \times \sin 120^\circ$$
$$= \frac{1}{2} \times 6 \times x \times \sin 60^\circ + \frac{1}{2} \times x \times 8 \times \sin 60^\circ$$
$$12\sqrt{3} = \frac{3\sqrt{3}}{2}x + 2\sqrt{3}x$$
$$12\sqrt{3} = \frac{7\sqrt{3}}{2}x$$
$$x = \frac{24}{7}$$
答 $\dfrac{24}{7}$

6

(8) 8枚のカードから2枚を取り出す場合の数は，

$${}_8C_2 = \frac{8 \times 7}{2 \times 1} = 28 \text{（通り）}$$

4枚の奇数のカードから2枚を取り出す場合の数は，

$${}_4C_2 = \frac{4 \times 3}{2 \times 1} = 6 \text{（通り）}$$

したがって，取り出した2枚のカードがともに奇数である確率は，

$$\frac{6}{28} = \frac{3}{14}$$

よって，求める確率は，

$$1 - \frac{3}{14} = \frac{11}{14}$$
答 $\dfrac{11}{14}$

(9) 2つの数の積が4の倍数となるのは，次の①，②のどちらかの場合である。

①偶数が2つ

②4の倍数が1つ，奇数が1つ

①のとき　4枚の偶数のカードから2枚を取り出す場合の数は，

$${}_4C_2 = \frac{4 \times 3}{2 \times 1} = 6 \text{（通り）}$$

②のとき　4の倍数の2枚のカードから1枚，4枚の奇数のカードから1枚を取り出す場合の数は，

$${}_2C_1 \times {}_4C_1 = 2 \times 4 = 8 \text{（通り）}$$

①，②から，2つの数の積が4の倍数である確率は，

$$\frac{6+8}{28} = \frac{14}{28} = \frac{1}{2}$$
答 $\dfrac{1}{2}$

7

(10) 4個

第2回　1次

1

(1) $-2xy+y^2$

(2) $(a-2b)(a+3b-c)$

(3) $x=\dfrac{1\pm\sqrt{33}}{4}$　　(4) -6

(5) $c=\dfrac{2S}{a+2b}$

2

(6) $2\sqrt{2}$ cm　　(7) $x=14$

(8) $x^4-2x^3-5x^2+6x+9$

(9) $2x(x+2)(x^2-2x+4)$

(10) 4

3

(11) $(2,\ -15)$

(12) $\dfrac{1}{3}\leqq x\leqq 3$　　(13) $\dfrac{7}{36}$

(14) ① $\dfrac{2\sqrt{2}}{3}$　　② $-2\sqrt{2}$

(15) ① $\{1,\ 3,\ 5,\ 6,\ 7,\ 8,\ 9\}$

② 3

第2回　2次

1

(1) $a=-b+72$

(2) Aグループの合計点は 9×81 点，Bグループの合計点は $b\times a$ 点，また，AグループとBグループを合わせた合計点は $(9+b)\times 71$ 点であるから，

$9\times 81+ab=71(9+b)$

$9\times 81+ab=71\times 9+71b$

$ab-71b+9\times 81-71\times 9=0$

$ab-71b+9\times(81-71)=0$

$ab-71b+9\times 10=0$

$(-b+72)b-71b+90=0$

$-b^2+b+90=0$

$b^2-b-90=0$

$(b+9)(b-10)=0$

$b>0$ より，$b=10$　　答 10人

2

(3) $A=n^2-25$ において，A が偶数ならば，n^2 は奇数であるから，n は奇数である。

そこで，$n=2m-1$（m は整数）とおく。$n\geqq 6$ より，$m\geqq 4$ である。

このとき，

$A=n^2-25=(n+5)(n-5)$

$=(2m-1+5)(2m-1-5)$

$=4(m+2)(m-3)$

ここで，

m が偶数のとき，$m+2$ は偶数

m が奇数のとき，$m-3$ は偶数

であるから，$(m+2)(m-3)$ は必ず偶数になる。そこで，$(m+2)(m-3)=2\ell$（ℓ は整数）とおくと，

$A=4\times 2\ell=8\ell$

ℓ は整数であるから，A は8の倍数である。

3

(4) 84

4

(5) $(k-2,\ k^2-4k-5)$

(6) 頂点が第2象限にある条件は，頂点の x 座標＜0，頂点の y 座標＞0

(5) から，$x=k-2<0$ より，

$k<2$ ……①

$y=k^2-4k-5>0$ より，

$(k+1)(k-5)>0$

$k<-1,\ 5<k$ ……②

①，②から，$k<-1$

答 $k<-1$

5

(7) 3個のさいころを同時に投げるとき，目の出方の総数は，

$6^3=216$（通り）

3個のさいころの目がすべて異なる目の出方の数は，

${}_6P_3=6\times5\times4=120$（通り）

よって，求める確率は，

$1-\dfrac{120}{216}=1-\dfrac{5}{9}=\dfrac{4}{9}$ 答 $\dfrac{4}{9}$

6

(8) 8：5

(9) (8) より，$a=8k$，$b=5k$（k は比例定数で，$k>0$）とおく。

$AB=\dfrac{7}{2}$，$\angle C=60^\circ$ だから，

余弦定理より，

$$\left(\frac{7}{2}\right)^2=(8k)^2+(5k)^2-2\times8k\times5k\times\cos60^\circ$$

$$\frac{49}{4}=64k^2+25k^2-80k^2\times\frac{1}{2}$$

$$k^2=\frac{1}{4}$$

$k>0$ だから，$k=\dfrac{1}{2}$

よって，$a=8k=4$，$b=5k=\dfrac{5}{2}$，$\angle C=60^\circ$ より，

$$\triangle ABC=\frac{1}{2}\times a\times b\times\sin60^\circ$$

$$=\frac{1}{2}\times4\times\frac{5}{2}\times\frac{\sqrt{3}}{2}=\frac{5\sqrt{3}}{2}$$

答 $\dfrac{5\sqrt{3}}{2}$

7

(10) 55

第3回　1次

1

(1) $2x^2+4x-9$

(2) $2b(a-3b)^2$　(3) $x=2，6$

(4) 2　(5) $y=-\dfrac{2}{3}x^2$

2

(6) $2\sqrt{5}$ cm　(7) $x=5$

(8) $8a^3+27b^3$

(9) $3(2ab-3)(4a^2b^2+6ab+9)$

(10) -6

3

(11) $\left(\dfrac{3}{4},\ \dfrac{17}{8}\right)$

(12) $x<1-\sqrt{2}$，$1+\sqrt{2}<x$

(13) $\dfrac{11}{12}$

(14) ① $-\dfrac{\sqrt{10}}{10}$　② $\dfrac{3\sqrt{10}}{10}$

(15) ① $\{1,\ 2,\ 3,\ 4,\ 6,\ 8\}$

② $\{2,\ 4\}$

第3回　2次

1

(1) $(x-5):2$

(2) 3%の食塩水 bg と x%の食塩水 ag を混ぜると，6%の食塩水ができる。

したがって，

$$\frac{3b}{100}+\frac{ax}{100}=\frac{6(a+b)}{100}$$

よって，$a:b=3:(x-6)$

(1) より，$a:b=(x-5):2$ であるから，

$$(x-5):2=3:(x-6)$$

したがって，

$$(x-5)(x-6)=6$$

$$x^2-11x+24=0$$

$$(x-3)(x-8)=0$$

よって，$x=3，8$

$x>6$ であるから，$x=8$

答　$x=8$

2

(3) n を3でわったときの余りで場合分けをする。

① 余りが0のとき

$n=3m$（m は整数）と表せる。

このとき，

n^3+2n+2

$=27m^3+6m+2$

$=3(9m^3+2m)+2$

$=3A+2$　（A は整数）

② 余りが1のとき

$n=3m+1$（m は整数）と表せる。

このとき，

n^3+2n+2

$=(3m+1)^3+2(3m+1)+2$

$=3(9m^3+9m^2+5m+1)+2$

$=3B+2$　（B は整数）

③ 余りが2のとき

$n=3m+2$(mは整数)と表せる。

このとき,

n^3+2n+2

$=(3m+2)^3+2(3m+2)+2$

$=3(9m^3+18m^2+14m+4)$

$+2$

$=3C+2$ (Cは整数)

以上のことから,いずれの場合も

$n^3+2n+2=3\times$(整数)$+2$

の形で表されるので,n^3+2n+2 を3でわった余りは2になる。

3

(4) 3組

4

(5) $(2,\ k+8)$

(6) (5)から,$y=-2x^2+8x+k$ のグラフの軸は,$x=2$

したがって,$1\leqq x\leqq 5$ の範囲では $x=5$ のとき最小になる。

最小値は,$y=-2\times5^2+8\times5+k=6$ であるから,

$-10+k=6$

$k=16$

このとき,頂点の座標は(5)より,$(2,\ 24)$

答 $k=16$,$(2,\ 24)$

5

(7) 余弦定理を用いると,

$$\cos A=\frac{7^2+8^2-13^2}{2\times7\times8}$$

$$=\frac{49+64-169}{2\times7\times8}$$

$$=-\frac{56}{2\times7\times8}=-\frac{1}{2}$$

となるから,$\angle A=120°$

したがって,

$$\triangle ABC=\frac{1}{2}\times7\times8\times\sin120°$$

$$=\frac{1}{2}\times7\times8\times\frac{\sqrt{3}}{2}$$

$$=14\sqrt{3}$$

答 $14\sqrt{3}$

6

(8) 1回の試行で,白玉が出る確率は $\frac{1}{4}$,赤玉が出る確率は $\frac{3}{4}$ であるから,白玉がちょうど2回出る確率は,

$${}_4C_2\left(\frac{1}{4}\right)^2\left(\frac{3}{4}\right)^2=\frac{4\times3}{2\times1}\times\frac{1}{16}\times\frac{9}{16}$$

$$=\frac{27}{128}$$

答 $\frac{27}{128}$

(9) 4回目に2度目の白玉が出るとは,3回目までに白玉が1回出て,4回目にも白玉が出ることである。3回目までに白玉が1回出る確率は,

$${}_3C_1\left(\frac{1}{4}\right)^1\left(\frac{3}{4}\right)^2=3\times\frac{1}{4}\times\frac{9}{16}=\frac{27}{64}$$

であるから,求める確率は,

$$\frac{27}{64}\times\frac{1}{4}=\frac{27}{256}$$

答 $\frac{27}{256}$

7

(10) $x=2$,$y=3$,$z=1$

第4回　1次

1

(1) $10x+6$

(2) $3y(2xy+3)(2xy-3)$

(3) $x=-8,\ 2$　　(4) 9

(5) $x=\pm\sqrt{2}$

2

(6) $5\sqrt{2}$ cm　　(7) $x=6$

(8) $8x^3-1$　　(9) $(2a+b)^3$

(10) 11

3

(11) 3

(12) $x<-4,\ \frac{3}{2}<x$

(13) $\frac{4}{9}$

(14) ① $-\frac{\sqrt{7}}{4}$　　② $-\frac{3\sqrt{7}}{7}$

(15) ① {5, 6, 9}　　② 7

第4回　2次

1

(1) $20x=25y$ より，$x=\frac{5}{4}y$

$30z=45y$ より，$z=\frac{3}{2}y$

答　$x=\frac{5}{4}y$，$z=\frac{3}{2}y$

(2) Cが出発してから a 分後にAに追いついたとすると，

$$az=(10+a)x$$

この式に，$x=\frac{5}{4}y$，$z=\frac{3}{2}y$ を代入すると，

$$\frac{3}{2}a=\frac{50+5a}{4}$$

$$a=50$$

答　50分後

2

(3) 3けたの自然数 n は，

$n=100a+10b+c$…①

と表せる。

また，$a+c-b$ は11の倍数であるから，

$a+c-b=11k$（k は整数）

すなわち，

$b=a+c-11k$…②

②を①に代入して

$n=100a+10(a+c-11k)+c$

$=100a+10a+10c-110k+c$

$=110a+11c-110k$

$=11(10a+c-10k)$

$10a+c-10k$ は整数であるから，n は11の倍数である。

3

(4) (4, 8), (5, 5), (6, 4), (9, 3)

4

(5) $a=-\frac{1}{3},\ -1$

(6) ① $a=-\frac{1}{3}$ のとき

$x^2 - \frac{1}{3}x - 1 + 1 = 0$

これを解くと，$x = 0$，$\frac{1}{3}$

解の1つは，$x = 2a + 1 = \frac{1}{3}$ であるから，$2a + 1$ 以外の解は，$x = 0$

② $a = -1$ のとき

$x^2 - x - 3 + 1 = 0$

これを解くと，$x = -1$，2

解の1つは，$x = 2a + 1 = -1$ であるから，$2a + 1$ 以外の解は，

$x = 2$

答 $a = -\frac{1}{3}$ のとき $x = 0$，

$a = -1$ のとき $x = 2$

5

(7) 各回の3の倍数3, 6が出る確率は，

$$\frac{2}{6} = \frac{1}{3}$$

5回投げて，3の倍数が3回以上出る確率を求める。

① 3の倍数が5回中3回出る確率

$${}_5C_3\left(\frac{1}{3}\right)^3\left(\frac{2}{3}\right)^2 = \frac{40}{243}$$

② 3の倍数が5回中4回出る確率

$${}_5C_4\left(\frac{1}{3}\right)^4\left(\frac{2}{3}\right)^1 = \frac{10}{243}$$

③ 3の倍数が5回中5回出る確率

$${}_5C_5\left(\frac{1}{3}\right)^5 = \frac{1}{243}$$

したがって，求める確率は，

$$\frac{40}{243} + \frac{10}{243} + \frac{1}{243} = \frac{51}{243} = \frac{17}{81}$$

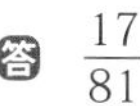

答 $\frac{17}{81}$

6

(8) $\sqrt{61}$

(9) 四角形ABCDは円に内接しているから，$\angle \mathrm{DAB} = 60°$

$\mathrm{AD} = x$ とし，△ABDにおいて余弦定理を用いると，

$(\sqrt{61})^2$

$= x^2 + 6^2 - 2 \times x \times 6 \times \cos 60°$

$61 = x^2 + 36 - 12x \times \frac{1}{2}$

$61 = x^2 + 36 - 6x$

$x^2 - 6x - 25 = 0$

よって，$x = 3 \pm \sqrt{34}$

$\mathrm{AD} = x > 0$ であるから，

$\mathrm{AD} = 3 + \sqrt{34}$

答 $3 + \sqrt{34}$

7

(10) 76

第5回　1次

1

(1) $x-4$　(2) $2a(2ab-1)^2$

(3) $x=\dfrac{3\pm\sqrt{7}}{2}$　(4) $7-8\sqrt{3}$

(5) 18

2

(6) $x=4\sqrt{7}$　(7) $x=18$

(8) x^6-y^6

(9) $(3x-2y)(x+3y)$　(10) 6

3

(11) $a=23$

(12) $x<-\dfrac{3}{2}$, $4<x$

(13) $\dfrac{5}{9}$

(14) ① $-\dfrac{\sqrt{5}}{3}$　② $-\dfrac{2\sqrt{5}}{5}$

(15) ① $\{1,\ 7\}$　② $\{3,\ 5,\ 9\}$

第5回　2次

1

(1) $\left(\dfrac{\sqrt{3}}{3}+1\right)x+4$ (cm)

(2) $\left(\dfrac{\sqrt{3}}{3}+1\right)x+4=16$

これを解くと，$x=18-6\sqrt{3}$

したがって，

$\dfrac{(4+16)\times(18-6\sqrt{3})}{2}$

$=180-60\sqrt{3}$

答　$180-60\sqrt{3}$ (cm^2)

2

(3) nは奇数だから，$n=2k-1$（kは整数）とおくことができる。

$(n+1)^3+(2n+3)^2-1$

$=\{(2k-1)+1\}^3$

$\quad+\{2(2k-1)+3\}^2-1$

$=(2k)^3+(4k+1)^2-1$

$=8k^3+16k^2+8k+1-1$

$=8k(k^2+2k+1)$

$=8k(k+1)^2$

ここで，kと$k+1$は連続する2つの整数で，その積は偶数になるから，

$k(k+1)=2m$（mは整数）と表すことができる。

よって，

$(n+1)^3+(2n+3)^2-1$

$=8k(k+1)^2$

$=8(k+1)\cdot 2m$

$=16m(k+1)$

$m(k+1)$は整数であるから，$(n+1)^3+(2n+3)^2-1$は16の倍数である。

3

(4) $\dfrac{252}{55}$

4

(5) $\left(-\dfrac{3}{2}k,\ -\dfrac{9}{2}k^2+7k+4\right)$

(6) 与えられた2次関数のグラフがx軸と異なる2点で交わるには，頂点

の y 座標が $y<0$ となればよい。したがって，

$$-\frac{9}{2}k^2+7k+4<0$$

すなわち，

$$\frac{9}{2}k^2-7k-4>0$$

2次方程式

$$\frac{9}{2}k^2-7k-4=0$$

を解くと，

$$9k^2-14k-8=0$$

$$(9k+4)(k-2)=0$$

$$k=-\frac{4}{9},\ 2$$

よって，上の2次不等式の解は，

$$k<-\frac{4}{9},\ 2<k$$

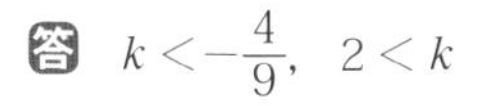

5

(7) 5以上の目が出る確率 $\frac{2}{6}=\frac{1}{3}$

4以下の目が出る確率 $\frac{4}{6}=\frac{2}{3}$

求める確率は，

$${}_5C_2\left(\frac{1}{3}\right)^2\left(\frac{2}{3}\right)^3\times\frac{1}{3}$$

$$=\frac{5\times4}{2\times1}\times\frac{1}{9}\times\frac{8}{27}\times\frac{1}{3}$$

$$=\frac{80}{729}$$

6

(8) $\frac{1}{2}$

(9) BD : DC = AB : AC であるから，

$$BD : DC = 5 : 7$$

したがって，

$$BD=8\times\frac{5}{5+7}=\frac{40}{12}=\frac{10}{3}$$

△ABD において，余弦定理より，

$$AD^2=5^2+\left(\frac{10}{3}\right)^2-2\times5\times\frac{10}{3}\times\frac{1}{2}=\frac{175}{9}$$

AD > 0 であるから，

$$AD=\sqrt{\frac{175}{9}}=\frac{5\sqrt{7}}{3}$$

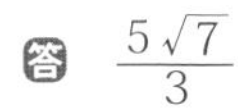

7

(10) 3個

第１回 1次 計算技能

標準解答時間 50分

解答用紙　解説・解答▶ p58 ～ p.69　解答一覧▶ p.172

1	(1)			(9)	
	(2)			(10)	
	(3)		3	(11)	
	(4)			(12)	
	(5)			(13)	
2	(6)			(14)	①
					②
	(7)			(15)	①
	(8)				②

＊本書では，1次の合格基準を11問（70％）以上（⒁，⒂の①，②は0.5問）としています。

拡大コピーしてご利用ください。解答欄に書ききれない場合は別紙に書いてください。

第1回 2次 数理技能

標準解答時間 90分

解答用紙　解説・解答▶ p.70 ～ p.78　解答一覧▶ p.172 ～ p.173

問題	番号	解答欄
1	(1)	
	(2)	※解法の過程を記述してください。
2	(3)	※解法の過程を記述してください。
3	(4)	
4	(5)	
	(6)	※解法の過程を記述してください。
5	(7)	※解法の過程を記述してください。
6	(8)	※解法の過程を記述してください。
	(9)	※解法の過程を記述してください。
7	(10)	

＊本書では，2次の合格基準を6問（60%）以上としています。

拡大コピーしてご利用ください。解答欄に書ききれない場合は別紙に書いてください。

第2回 1次 計算技能

標準解答時間 50分

解答用紙　解説・解答▶ p.79 〜 p.90　解答一覧▶ p.174

1	(1)			(9)	
	(2)			(10)	
	(3)		3	(11)	
	(4)			(12)	
	(5)			(13)	
2	(6)			(14)	①
					②
	(7)			(15)	①
	(8)				②

＊本書では，1次の合格基準を11問（70%）以上（⒁，⒂の①，②は0.5問）としています。

拡大コピーしてご利用ください。解答欄に書ききれない場合は別紙に書いてください。

第2回 2次 数理技能

標準解答時間 90分

解答用紙 解説・解答▶ p.91 ～ p.101　解答一覧▶ p.174 ～ p.175

問題	設問	解答
1	(1)	
	(2)	※解法の過程を記述してください。
2	(3)	※解法の過程を記述してください。
3	(4)	
4	(5)	
	(6)	※解法の過程を記述してください。
5	(7)	※解法の過程を記述してください。
6	(8)	
	(9)	※解法の過程を記述してください。
7	(10)	

＊本書では，2次の合格基準を6問（60%）以上としています。

拡大コピーしてご利用ください。解答欄に書ききれない場合は別紙に書いてください。

第３回 1次 計算技能

標準解答時間 50分

解答用紙　解説・解答▶ p.102 ～ p.114　解答一覧▶ p.176

1	(1)			(9)	
	(2)			(10)	
	(3)		3	(11)	
	(4)			(12)	
	(5)			(13)	
2	(6)			(14)	①
					②
	(7)			(15)	①
	(8)				②

＊本書では，1次の合格基準を11問（70%）以上（(14)，(15)の①，②は0.5問）としています。

拡大コピーしてご利用ください。解答欄に書ききれない場合は別紙に書いてください。

第3回 2次 数理技能

標準解答時間 90分

解答用紙　解説・解答▶ p.115 ～ p.124　解答一覧▶ p.176 ～ p.177

1	(1)	
	(2)	※解法の過程を記述してください。
2	(3)	※解法の過程を記述してください。
3	(4)	
4	(5)	
	(6)	※解法の過程を記述してください。
5	(7)	※解法の過程を記述してください。
6	(8)	※解法の過程を記述してください。
	(9)	※解法の過程を記述してください。
7	(10)	

＊本書では，2次の合格基準を6問（60%）以上としています。

拡大コピーしてご利用ください。解答欄に書ききれない場合は別紙に書いてください。

第4回 1次 計算技能

標準解答時間 50分

解答用紙　解説・解答▶ p.125 ～ p.137　解答一覧▶ p.178

1	(1)			(9)	
	(2)			(10)	
	(3)		3	(11)	
	(4)			(12)	
	(5)			(13)	
2	(6)			(14)	①
					②
	(7)			(15)	①
	(8)				②

＊本書では，1次の合格基準を11問（70%）以上（⒁，⒂の①，②は0.5問）としています。

拡大コピーしてご利用ください。解答欄に書ききれない場合は別紙に書いてください。

第4回 2次 数理技能

標準解答時間 90分

解答用紙　解説・解答▶ p.138 ～ p.147　解答一覧▶ p.178 ～ p.179

問題	番号	解答
1	(1)	※解法の過程を記述してください。
	(2)	※解法の過程を記述してください。
2	(3)	※解法の過程を記述してください。
3	(4)	
4	(5)	
	(6)	※解法の過程を記述してください。
5	(7)	※解法の過程を記述してください。
6	(8)	
	(9)	※解法の過程を記述してください。
7	(10)	

＊本書では，2次の合格基準を6問（60%）以上としています。

拡大コピーしてご利用ください。解答欄に書ききれない場合は別紙に書いてください。

第5回 1次 計算技能

標準解答時間 50分

解答用紙　解説・解答▶ p.148 ～ p.160　解答一覧▶ p.180

1	(1)			(9)	
	(2)			(10)	
	(3)		3	(11)	
	(4)			(12)	
	(5)			(13)	
2	(6)			(14)	①
					②
	(7)			(15)	①
					②
	(8)				

＊本書では，1次の合格基準を11問（70%）以上（(14)，(15)の①，②は0.5問）としています。

拡大コピーしてご利用ください。解答欄に書ききれない場合は別紙に書いてください。

第 5 回 2次 数理技能

標準解答時間 90分

解答用紙　解説・解答▶ p.161 ～ p.171　解答一覧▶ p.180 ～ p.181

1	(1)	
	(2)	※解法の過程を記述してください。
2	(3)	※解法の過程を記述してください。
3	(4)	
4	(5)	
	(6)	※解法の過程を記述してください。
5	(7)	※解法の過程を記述してください。
6	(8)	
	(9)	※解法の過程を記述してください。
7	(10)	

＊本書では，2 次の合格基準を 6 問（60%）以上としています。

本書に関する正誤等の最新情報は，下記のアドレスでご確認ください。
http://www.s-henshu.info/sj2hs2301/

上記アドレスに掲載されていない箇所で，正誤についてお気づきの場合は，書名・発行日・質問事項（ページ・問題番号）・氏名・郵便番号・住所・FAX 番号を明記の上，郵送または FAX でお問い合わせください。

※電話でのお問い合わせはお受けできません。

【宛先】　コンデックス情報研究所「本試験型 数学検定準 2 級 試験問題集」係
住所　〒 359-0042　埼玉県所沢市並木 3-1-9
FAX 番号　04-2995-4362（10：00 ～ 17：00 土日祝日を除く）

※本書の正誤に関するご質問以外はお受けできません。また受検指導などは行っておりません。
※ご質問の到着確認後 10 日前後に，回答を普通郵便または FAX で発送いたします。
※ご質問の受付期限は，試験日の 10 日前必着とします。ご了承ください。

監修：小宮山 敏正（こみやま としまさ）

東京理科大学理学部応用数学科卒業後，私立明星高等学校数学科教諭として勤務。

編著：コンデックス情報研究所

1990 年 6 月設立。法律・福祉・技術・教育分野において，書籍の企画・執筆・編集，大学および通信教育機関との共同教材開発を行っている研究者，実務家，編集者のグループ。

イラスト：ひらのんさ

企画編集：成美堂出版編集部

本試験型　数学検定準2級試験問題集

監　修　小宮山敏正（こみやまとしまさ）
編　著　コンデックス情報研究所（じょうほうけんきゅうしょ）
発行者　深見公子
発行所　成美堂出版
〒162-8445　東京都新宿区新小川町1-7
電話(03)5206-8151　FAX(03)5206-8159
印　刷　広研印刷株式会社

©SEIBIDO SHUPPAN 2020 PRINTED IN JAPAN
ISBN978-4-415-23142-6
落丁·乱丁などの不良本はお取り替えします
定価はカバーに表示してあります

• 本書および本書の付属物を無断で複写、複製（コピー）、引用することは著作権法上での例外を除き禁じられています。また代行業者等の第三者に依頼してスキャンやデジタル化することは、たとえ個人や家庭内の利用であっても一切認められておりません。